卷积神经网络的
遥感影像目标检测与分割

王 雪 著

西北大学出版社
·西安·

图书在版编目（CIP）数据

卷积神经网络的遥感影像目标检测与分割 / 王雪著. —
西安:西北大学出版社, 2023.9
ISBN 978-7-5604-5222-7

Ⅰ.①卷…　Ⅱ.①王…　Ⅲ.①人工神经网络—应用
—遥感图像—目标检测②人工神经网络—应用—遥感
图像—图像分割　Ⅳ.①TP751

中国国家版本馆 CIP 数据核字（2023）第 188535 号

卷积神经网络的遥感影像目标检测与分割

著　　者	王 雪
出版发行	西北大学出版社
地　　址	西安市太白北路 229 号
邮　　编	710069
电　　话	（029）88303313
经　　销	全国新华书店
印　　装	西安日报社印务中心
开　　本	787 mm × 1092 mm　　1/16
印　　张	7.75
字　　数	156 千字
版　　次	2023 年 9 月第 1 版　2023 年 9 月第 1 次印刷
书　　号	ISBN 978-7-5604-5222-7
定　　价	38.00 元

本版图书如有印装质量问题，请拨打电话 029-88302966 予以调换

　　基于遥感影像进行目标检测、识别及分割是遥感应用最核心的技术,也是实现各种应用的前提和基础。传统的识别、分割的方法是目视解译或人机交互,这个过程耗时且昂贵。随着计算机视觉技术的发展,如何快速、准确地进行大范围遥感影像目标的自动检测及分割,是当前研究的热点。

　　本书是作者攻读博士学位期间主要的研究成果,将计算机视觉及深度卷积神经网络理论及技术应用到遥感影像目标检测与语义分割中。深度卷积神经网络的优势是能够自动学习每一层特征,而无须人工设计目标的特征;另外它下采样层的设计,具有更大的感受野,不仅可以提取局部特征,还能提取更加抽象的全局特征。因此,研究将深度卷积神经网络应用于遥感影像目标检测及语义分割,具有重要的实际应用价值。

　　本书的第 1 章是绪论,介绍了研究背景、意义;国内外发展现状及存在的问题;第 2 章介绍了与卷积神经网络相关的理论、模型、训练的流程及精度评价指标;第 3 章基于区域卷积神经网络用于遥感影像的车辆检测理论、实验;第 4 章、第 5 章、第 6 章分别介绍了全卷积神经网络模型、引入条件随机场的卷积神经网络模型、膨胀卷积算法的卷积神经网络模型用于遥感影像语义分割。内容由浅入深,采用了不同的数据,针对不同的目标对象,最后展示了语义分割的结果,并进行了精度评定。

作者在本书内容的研究及写作中，得到导师隋立春教授的指导，还有其他老师、同学、朋友、家人的帮助，在此一并感谢。

由于作者水平有限，书中难免存在不足之处，敬请各位读者批评指正。

咸阳师范学院地理与环境学院　王雪

2023 年 6 月

第 1 章　绪 论

1.1　研究背景和意义

随着时代的发展,遥感技术已经广泛地渗透到国民经济的各个领域,在推动经济建设、社会进步、环境改善和国防建设方面都具有重要的作用。卫星遥感技术应用开始于 20 世纪 60 年代,随着相关技术的快速发展,遥感技术也在不断成熟,遥感技术能够帮助人们更好地认识世界和理解世界,也是一种获取信息和进行信息处理的技术。最初,遥感技术主要应用于军事领域,90 年代逐渐走向商业化,测绘、土地、环境等部门争相将遥感技术引入到各自的领域并将其作为获取地物信息和观测的手段。

对遥感影像进行目标识别及语义分割(即分类)是遥感应用最核心的技术,也是实现各种应用的前提和基础。遥感影像分类,目的是利用计算机对遥感影像上的信息进行属性的识别和分类,提取所需要的地物信息;计算机视觉领域所说的图像语义分割,指不仅要分割出目标,还要识别出目标的类别;所以,遥感影像分类、遥感影像语义分割与遥感影像解译的目的是一致的,都是为了识别物体和确定物体的各种属性而理解遥感影像的过程。遥感影像解译在城市规划、作物和森林管理等许多领域得到了广泛应用。然而,大部分工作仍然是由传统的人类专家完成的。第一次使用计算机的自动化

1

解译可以追溯到 20 世纪 60 年代末和 70 年代早期,虽然在过去的六十多年中已经取得了显著的进展,但在有限的领域中,只有少数的半自动化系统正在使用,完全自动化的系统还没有普及。

遥感影像识别与分类方面,第一,从遥感影像识别、分类的发展历程来看,分类方法经历了目视解译、人机交互解译、多种技术结合的半自动解译到基于人工智能和机器学习的全自动解译的发展过程;早期遥感影像的目标解译大部分的工作仍然是由人类专家来完成的,即使用眼睛目视观察,并借助一些光学仪器或在计算机显示屏幕上,凭借丰富的判读经验、相关资料和扎实的专业知识,通过分析、推理和判读,在遥感影像上识别出目标,定性、定量地提取出目标的分布、结构、功能等有关信息。第二,分类模型方面则经历了像元解译、局部结构特征提取、面向对象解译等。像元解译即以像元的光谱信息为主要依据,依据像元亮度值的差异进行分类;随着遥感影像空间分辨率的提高,同种地物之间的像元亮度值差异变大,传统的基于像元亮度值分类的方法难以满足高分辨率遥感影像所需的分类精度,由此产生了面向对象分类,即首先进行图像分割,分类基本单元由像元变为对象(同质像元集合),同时也可以提取更多关于对象的光谱、纹理、形状等特征用于分类器分类,从而提高了分类准确度。第三,分类器由最初的单一分类器发展到多个分类器相结合;分类目的由单纯的分类发展到针对特定用途的专项信息提取和变化检测。总之,在遥感影像识别和分类方面,由于遥感影像计算机自动识别和分类中尚有许多不确定因素需要深入研究,目前目视解译仍在大量使用。近年来,卫星影像的数量急剧增加,这使得对这些数据的解译成为一个具有挑战性的问题。要想从这些影像中获得有用的信息,就需要对这些影像中的信息有丰富的理解,能让计算机像人一样能"看懂"且"理解",从而代替传统的人工目视解译。

近年来,人工智能、机器学习、大数据等专业术语充斥着人们的生活,这些技术正在不断影响着人们的工作、生活和学习。机器学习是一种实现人工智能的方法,而深度学习则是实现机器学习的技术。简单地说,机器学习是使用算法来解析数据,学习到潜在的规律和特征,然后对真实世界发生的事件做出决策和预测。卷积神经网络是深度学习网络中的一种网络模型,它具有强大的特征识别能力,拥有可以与数据直接进行卷积操作的卷积层,对事物进行特征提取,然后根据特征对该事物进行分类、识别、预测等。卷积神经网络的具体应用,主要有计算机视觉、自然语言处理以及语音识别三大热点研究与应用方向,广泛应用于手写字体识别、人脸识别及自然景物的识别分类,各种语言之间的自动翻译,问答机器人等领域。

　　自然图像有红、绿、蓝(RGB)三个波段,而遥感影像的波段不仅包含了这三种可见光波段,还延伸至近红外、中红外、远红外、微波等,每种地物都有特定的光谱特征。一般来说,在图像的研究和应用中,人们往往只对图像中的某些部分感兴趣,这些感兴趣的部分往往是图像中特定的、具有特殊性质的区域(可以对应一个或多个区域),把这些部分称为目标或者前景,一般情况下,会对这个目标或者前景加上一定的语义信息,即语义标注,便于后续的研究;而其他部分称为图像的背景。为了辨识和分析目标,需要把这部分感兴趣的目标从图像中孤立出来,这就是图像语义分割所研究的问题。计算机视觉领域所说的图像语义分割,在遥感领域通常称为遥感影像的分类,即不仅要分割出目标,还要识别出目标的类别。图像语义分割应具备如下特征:第一,分割结果中一个像素不能同时属于两个区域;第二,分割结果属于同一个区域中的像素应该具有某些相同特性,而属于不同子区域的像素具有不同的特性;第三,分割结果中同一个子区域内的像素是连通的。

　　随着传感器技术的不断提升,对地观测卫星的光谱分辨率、空间分辨率不断发展,高光谱遥感图像和高分遥感图像在对地观测、变化检测、地图绘制、军事测绘、海洋监视、气象观测等多领域中有广泛应用。如在军事上,可以从高分影像中分类提取航母或者军事基地等军事目标,利于精准打击。在民用方面,遥感技术广泛用于地球资源普查、植被分类、土地利用规划、农作物病虫害和作物产量调查、环境污染监测、海洋监测、地震监测、森林类型识别、林业信息获取等方面。总之,高光谱遥感图像和高分遥感图像为城市规划、城市建设、土地利用、农林业发展等人类经济、社会活动提供了重要的数据支持。然而,对于卫星传回的高空间分辨率、高光谱分辨率的海量数据,如何提升对影像的处理能力是目前面临的重大挑战。而卷积神经网络技术具有强大的特征提取和自主学习能力,受到各行业的重视。在计算机视觉中,人脸识别、自然景物识别已取得了一定的成绩。如何将卷积神经网络拓展应用到遥感影像处理和分析中,成为目前研究的热点。

在上述背景下,本书的主要目标是基于深度卷积神经网络在遥感影像目标检测和语义分割中的理论及应用问题进行研究。深度卷积神经网络提取的特征相比于传统的原始像素特征和手工设计的特征,在语义抽象能力方面有颠覆性的提升。首先卷积神经网络的层递结构,使得它在每一层都学到了不同语义层次的图像表征;另外卷积神经网络能够自动从卷积块中提取有效分类特征,避免了人工特征提取引起的信息损失;最后由于它的下采样层的设计,具有更大的感受野,除提取局部特征外,还能提取更加抽象的全局特征。将深度卷积神经网络应用于遥感影像目标检测及语义分割领域,对遥感影像处理和分析具有重要的理论和实践意义。

1.2 卷积神经网络在目标检测领域的发展

1.2.1 深度学习的发展

深度学习是人工神经网络的一个分支,具有深度网络结构的人工神经网络是深度学习最早的网络模型。最早的神经网络是1943年由科学家麦卡洛克和数学家皮兹提出的,当时是希望用计算机来模拟人的神经元反应的过程,随后科学家们提出了相应的数学模型和学习规则,1958年Rosenblatt发明了感知器算法,但感知器只能够处理简单的二元线性分类,分类能力非常有限,这使神经网络的研究陷入了近20年的停滞。

20世纪80年代,用于人工神经网络的反向传播算法(Back Propagation,简称BP)诞生,掀起了机器学习的热潮。反向传播算法根据神经网络输出层的计算误差来自动更新网络中的参数,直到网络模型能最大程度地拟合训练数据。通过反向传播能够自动学习到海量数据中相关的统计信息,这些统计信息能够反映关于输入 – 输出数据模型的函数映射关系,从而对未知事件做预测。这个时期的人工神经网络虽然也被称为多层感知器,但实际上是只有一层隐层节点的浅层模型。由于理论知识相对匮乏,加之训练方法需要很多经验和技巧,所以,这个时期的浅层神经网络相对较沉寂。

进入 21 世纪,随着计算机及互联网的高速发展,互联网企业每天产生出海量的数据,人们可以接触到越来越多的信息。那么,如何从海量数据中提取出有价值的信息成为人们需要面对的问题,对大数据进行智能分析和预测成为一种迫切的需求。

2006 年,在机器学习领域享誉盛名的多伦多大学教授 Hinton 和他的学生在学术期刊 *Science* 上发表的一篇文章解决了深层网络训练中梯度消失的问题[1],随后的深度信念网络,提出了用高效快速的半监督算法来训练网络的参数,使长期以来深度网络难以训练的僵局被打破,掀起了研究深度学习的大浪潮。自此,深度学习的研究在学术界和工业界持续升温,欧美相继成立研究院。同时,各种算法和模型相继被提出,并在各个领域取得了重大突破。如在语音识别领域,2011 年微软研究院将深度学习应用到语音识别中,错误率降低了 20% ~ 30% ,这一成果将语音识别领域已有的技术框架完全改变[2];在图像识别领域,2012 年,Hinton 教授的两个学生在图片分类识别比赛 ImageNet 中,采用更深的卷积神经网络模型,取得了当时世界上最好的成果[3];同时在自然语言处理方面,深度学习也是重要的一个应用领域,最早将深度学习引入到自然语言处理研究工作中的是美国的 NEC 研究院[4],取得了很好的精度结果。

总之,深度学习受到科研机构、工业界的高度关注,各国相关研究人员和高科技公司争相投入到深度学习的研究中。在大数据时代,人们看到深度学习模型具有优异的特征学习能力,从根本上揭示了海量数据潜在的规律,能够对未知事情做更精准的预测。

1.2.2 深度卷积神经网络在目标检测领域的发展

图像处理是深度学习最早尝试应用的领域。早在 1989 年,加拿大多伦多大学教授 Yann LeCun 和他的同事一起提出卷积神经网络(Convolutional Neural Networks,简称 CNN)[5]。CNN 是一种包含卷积层的深度神经网络模型,它的人工神经元可以响应一部分覆盖范围内的周围单元。CNN 的架构设计是生物学家 Hubel 和 Wiesel 研究猫脑皮层中用于局部敏感和方向选择的神经元时发现的,其独特的网络结构可以有效地降低反馈神经网络的复杂性。由于当时没有 GPU 帮助计算,甚至 CPU 速度都非常缓慢,所以当时卷积神经网络在小规模的应用中表现较好,但在对大尺寸图像内容的理解上一直不能取得理想的结果,使得它在图像处理领域未得到足够的重视,在很长一段时间内没有取得突破。

2012 年以来,计算机视觉国际顶级赛事视觉目标类识别挑战赛(简称PASCAL VOC)和依托 ImageNet 数据集的大规模视觉识别挑战赛(简称:ILS-VRC)中,PASCAL VOC 挑战赛设置了语义分割和目标检测两项任务,美国斯坦福大学、美国加州大学伯克利分校、英国牛津大学等世界著名大学,以及中科院、谷歌、Facebook、百度等国内外研究机构和公司都积极参加竞赛,准确度被不断刷新。ILSVRC 挑战赛最初是测评场景理解中的图像分类任务,后来增加了目标定位和目标检测任务。竞赛中涌现了基于深度学习的优秀网络模型,如 AlexNet[6]、VGGNet[7]、GoogleNet[8]、ResNet[9]等。最初的目标分类任务中,冠军结果由 2012 年 Top-5 错误率的 16.42% 降低到2.99%,已低于人眼识别的错误率。Top-5 错误率是一个评价指标,指对每一张图片做出五个预测,其中正确标签(存在且唯一)不在所得五个预测中视为预测错误,预测错误样本在测试集中的占比即为 Top-5 错误率。表 1.1 为 2012 年到 2016 年,ILSVRC 图像分类冠军 Top-5 错误率及对应的方法。

在 2013 年,ILSVRC 挑战赛中增加了目标定位和目标检测任务,对图像的目标检测不仅要确定目标的类别还要确定目标的位置,而且同一幅图中可能包含不同类别的多个物体,所以目标检测较目标分类更困难。在 2013 年的 ILSVRC 挑战赛中,对四万张互联网图片进行检测,物体类别数为 200 类,当年比赛中赢得较好成绩的仍然是传统的手动设计的特征,平均目标检测率(mean Averaged Precision,简称 mAP)只有22.581%。在 2014 年的 ILSVRC中,深度学习将 mAP 提高到 43.933%。较有影响的有作者 Girshick 的系列文章 RCNN[107]、fast-RCNN[11]、faster-RCNN[12],其中 RCNN 提出的基于深度卷积神经网络的目标检测流程被广泛采用。RCNN 首先采用传统的选择性搜索算法提出候选区,然后利用卷积神经网络从候选区提取特征,最后利用线性分类器(如支持向量机等)基于特征将区域分为物体和背景。卷积神经网络目标检测的成功还体现在行人检测和人脸识别上,尤其人脸识别已经得到了广泛应用。

表 1.1　ILSVRC 图像分类冠军 Top - 5 错误率

年份	Top - 5 错误率	方法
2012	16.42%	AlexNet
2013	11.74%	Clarifai
2014	6.66%	GoogLeNet
2015	3.60%	ResNet
2016	2.99%	Ensemble3

目前,深度卷积神经网络模型在自然图像的理解和识别上已经取得较好的成绩,卷积神经网络能逐层提取特征,并将输入数据变换到一个新的特征空间,使得识别和预测更容易实现,深度卷积神经网络模型在图像分类、检测的精度上也有大幅的提升,同时节省了人工进行特征提取所耗费的大量时间,大大提升了运算效率。深度卷积神经网络模型结构的隐层节点的层数通常在 5 层以上,后来模型的设计思路基本上朝着更深、更宽、更复杂的网络模型发展,如 VGGNet(16 - 19 层)、GoogleNet(22 层),虽然有点暴力,但是效果上确实是提升了。然而,随着模型层数的不断加深,网络训练过程中出现了梯度消失和网络退化的问题,而且网络训练需要较大的计算量,使得模型的应用场景、实用性受到约束。近年来,模型的设计变为更简化、更优秀的轻量级模型,如 MobileNet 系列、ShuffleNet 系列等。总之,深度卷积神经网络已经逐步成为主流图像识别检测技术。

1.3　卷积神经网络在语义分割领域的发展

在 2010 年之前,普通的图像分割指根据色彩、灰度、几何形状及空间纹理等特征把图像划分成若干个互不相交的区域,使得在同一区域内,这些特征表现出一致性或相似性,而在不同区域间表现出明显的不同。由于当时计算机计算能力有限,图像分割只能处理一些灰度图,后来才能处理 RGB 图,主要的分割方法可分为基于阈值分割:如最大类间方差法(Otsu 算法)、最佳熵阈值方法;基于变形模型分割:如 Snake 算法;基于区域的方法:如区域生长、区域分裂、合并及两者的组合,分水岭,随机场方法;基于聚类法分割:如模糊 C 均值聚类、K - 均值;基于遗传算法分割等。这个阶段一般是非监督学习,分割出来的结果并没有语义的标注,也就是说,分割出来了却并不知道这是什么物体。

后来,随着计算能力的提高,开始考虑获得图像的语义信息,2010 年到 2015 年,人们考虑使用机器学习的方法进行图像语义分割。图像语义分割中的语义指分割出来的物体类别,从分割的结果可以清楚地知道分割的是什么物体,如图 1.1 给出一个人骑摩托车的照片,机器判断后能生成右侧图,分割出了人、车和背景。随着科技的发展,越来越多的应用需要语义分割,如无人驾驶、计算摄影术、虚拟现实或增强、图像搜索引擎、室内导航等都需要准确的、有效的分割机制。如今的无人驾驶技术中,车载摄像头探查到图像,后台计算机可以自动将图像进行分割归类,以避让行人和车辆等障碍。

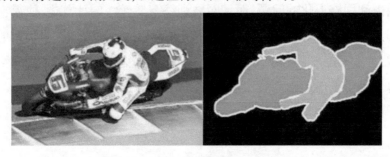

图 1.1　语义分割原图及预测图

　　语义分割是完成场景理解任务的必要步骤,在过去,这样的任务利用不同的传统方法进行了解决,但深度学习革命改变了这一切,CNN 在精度上、有效性上都远远超过其他方法。语义分割不是一个孤立的问题,而是图像推理从粗粒度到细粒度转变的过程中的一个自然的步骤。

　　基于卷积神经网络的图像语义分割方法从 2014 年开始,加州大学伯里克分校的 Long 等人提出全卷积神经网络(Fully Convolutional Networks,简称 FCN)[13],使深度学习正式进入图像语义分割领域,这也是当前最成功地利用深度学习技术进行图像语义分割的共同先驱。该论文中,作者主要使用了三种技术,即卷积化、上采样(反卷积)和跳层结构。通过将全连接层替换为卷积层来输出空间域的映射,可以将现存熟知的分类模型,如 AlexNet、VGG-Net、GoogleNet 和 ResNet 等转化为全卷积的模型,通过反卷积产生像素级的标签输出。FCN 被认为是图像语义分割问题的一个重要标志,展示了采用 CNN 实现端到端图像分割问题的训练方法,并可以对任意大小的图像进行预测,在各类标准数据集中取得了举世瞩目的成绩。以后每年都会有新的方法提出,并且新方法对普通彩色图像的语义分割精度越来越高,在 2016 年 ILSVRC 竞赛中冠军的错误率已经低至 2.991%,准确度已高于人眼识别。因此,主办者认为 ImageNet 数据集的识别问题已经被解决,目前则侧重图像学习和理解的最权威竞赛之一的 WebVision 竞赛以及各项专业领域内图像与视频分割研究。

　　基于深度卷积神经网络的图像分割算法的特性有如下几种,第一种是解码器的变种,即先编码,产生低分辨率的图像表示或特征映射的过程,即先将图像转化为特征;再解码,将低分辨率图像映射到像素级标签的过程,即将特征转化为图像标签。FCN 就属于解码器的变种,类似的方法还有 SegNet 模型[14]、U - net 模型[15]等。第二种是条件随机场(Conditional random fields,简称 CRF)[16],CRF 能够将低级的图像信息如像素之间的交互、与多类推理系统的输出结合起来,即将每个像素的标签结合起来,这种结合对于获得大范围的依赖关系很重要。一些模型利用 CRF 作为独立的后处理阶段以增强分割效果。将每个像素建模为场中的一个节点,对于每对像素,不管多远都使用一个全连接因子图。第三种是膨胀卷积或叫空洞卷积(DilatedConvolutions)[17],是 Fisher Yu 于 2015 年提出的,膨胀卷积层可使感受野呈指数级增长,而空间维度不至于下降。膨胀卷积是使用上采样滤波器的一种方法,通常使用膨胀卷积的网络中,都是增加膨胀率以增大感受野,而不对特征图进行降采样,也没有增加计算量。第四种是结合上下文知识,语义分割要求多种空间域的信息,也需要局部和全局信息的平衡。细粒度、局部信息可以获得较好的像素级的精确度,图像上下文的信息有助于去除局部特征的歧义,池化层可以降低计算量,获取全局上下文信息。CNN 考虑全局信息的途径还有后处理阶段使用 CRF、膨胀卷积、多尺度聚合等。第五种是多尺度预测,CNN 中的每个参数都影响着特征图的尺度。滤波器只能检测特定尺度的特征,使模型难以泛化到不同的大小,解决的办法之一就是使用多尺度的网络,生成多个尺度下的预测结构,之后将其结合在输出中。目前,很多研究者将这些算法结合在一起,构建不同的网络模型进行图像语义分割,取得了较好的效果。

1.4　卷积神经网络在遥感影像语义分割的研究现状

1.4.1　研究现状

随着传感器技术的提升,对地观测卫星的空间分辨率不断发展,如 Quickbird 卫星的空间分辨率达 0.62 米,高分专项系列卫星的分辨率也达到米级或亚米级;除卫星影像外,航空影像也是一种对地表信息快速清晰的采集手段,也可认为是高分辨率对地观测影像,图 1.2 展示了 Quickbird 卫星影像和航空影像。二者在图像语义分割中的特征相近。

遥感影像相比普通图像有更复杂的背景,一般一两个像素为一个地物,也存在横跨整个图幅的大型地物。基于卷积神经网络的高分遥感影像语义分割方法,主要是利用改进的普通的图像语义分割方法,结合遥感影像中不同种类的地物特征进行分类。Mnih 在他的博士论文中研究了经过训练的机

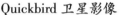

图 1.2　卫星影像与航空影像

器学习方法在对航空影像和地图上对应的像素标注的使用情况[18]，展示了在现代 GPU 上实现的深度神经网络是如何被用于学习图像特征的，然后引入新的损失函数来训练神经网络，最后，在神经网络的输出中引入改进的系统预测结构。该文献的主要贡献是为航空影像标注提供了一个连贯的学习框架，该框架包括航空影像标注格式、在 GPU 上实现的新的深度神经网络体系结构以及用于训练这些结构的新的损失函数，从而在处理上下文、噪声标签和结构化输出问题的同时，可以对单个模型进行端到端的训练。通过对公开的数据集和现实世界中航空影像标注数据进行大规模的评估，说明 Mnih 提出的模型在准确性方面超过了当时所有已发表的模型。Saito 等[19]利用 CNN 训练一个公开的大型航空影像数据集，数据输入原始的像素值，无需任何预处理，通过实验，利用 CNN 可以更准确地将航空影像中的所有像素分类为建筑物、道路和背景，在这个过程中不需要手动设计图像的特征，也不需要为每个被提取的地面物体独立地进行多分类器的训练，最终输出三通道的标注图像。Maggiori 等[20]利用全卷积的神经网络，基于图论的分割方法和选择性搜索的方法获取遥感图像中建筑物的特征，提高分类精度；PAN 等[21]提出生成性对抗网络 GAN - SCA 方法，对 Inria 航空数据集和 Massachusetts 建筑物数据集进行交替训练，得到较好的结果；Schuegraf 等[22]用两个并行的 U - Net 网络，分别提取高光谱图像中的高程特征和光谱特征，对建筑物进行分类研究。Chen 等[23]利用改进的 ASPP 结构，建立全连接的路径进行高分遥感图像的分类处理。

总之,近年来,深度卷积神经网络用于遥感影像语义分割的研究比较火热。

1.4.2　存在的问题

利用遥感影像识别和提取目标的语义信息是遥感应用的核心环节,从传感器中获取的高分辨率遥感数据的表现是多种多样的,遥感影像在诸多领域具有巨大的应用潜力,但由于对影像信息识别提取的自动化程度较低,使其应用潜力得不到充分发挥,因此,在理论和应用研究中必须突破此瓶颈。近年来,虽然人们对一般场景的图像标注或解译进行了广泛的研究,利用卷积神经网络的一些方法进行目标的自动识别和语义分割也有不少的研究,但仍然存在一些问题:

(1)随着深度学习理论的发展,计算机视觉领域的深度卷积神经网络模型及新的算法层出不穷,而遥感领域相对滞后,没有充分利用这些模型和算法,对遥感数据进行实验及应用。

(2)遥感影像相比自然图像具有多光谱和高光谱的特性,除了丰富的光谱特性外,还有其空间特性,如高程信息等,可以结合遥感影像这些丰富的信息进行训练和预测。

(3)对于遥感影像地面分辨率是已知的,但同类物体存在不同尺度、不同色调的问题,如何提升目标识别与分割的可靠性问题。

另外,在数据方面,未标注和标注的遥感影像的数量都是巨大的,例如开放街道地图、过时的基础地理数据,以及众包市场等协作平台是图像标注的理想选择,可以充分利用这些现有的数据,减少图像标注所需的工作量。

本书根据遥感影像语义分割中存在的问题,利用计算机视觉领域中深度学习的方法,研究用于遥感影像语义分割的深度卷积神经网络理论及模型。本书的研究对于促进遥感影像目标的自动识别及语义分割有一定的实际意义。

1.5 研究内容及结构组织

1.5.1 研究内容

本书针对遥感影像目标检测和语义分割中存在的问题,探索深度卷积神经网络用于遥感影像的目标检测和语义分割,开展以下几个方面的研究:

(1)研究区域卷积神经网络用于遥感影像车辆目标的检测。针对传统的滑动窗口进行目标检测的时候,有许多重复区域,对每个窗口都进行一次卷积神经网络的计算,会有大量的计算冗余,为解决这个问题,本书提出区域卷积神经网络应用于遥感影像车辆目标的检测方法。该方法对整个输入影像只需进行一次卷积神经网络计算并提取特征,在提取的特征图上使用9种大小、长宽比不同的参考框进行检测,由于提取的特征图进行了下采样,所以总的计算量会比传统的滑动窗口法降低很多,大大提高了计算效率。

(2)研究构建全卷积神经网络模型进行遥感影像语义分割。针对语义分割需要获取表征目标类别的二维空间向量,研究从一维目标检测模型构建二维语义分割模型;另外,采用反卷积算法获取与输入影像相同大小的图像;同时研究跳层结构的构建,融合不同尺度的特征,获取精细化的分割结果。

(3)针对全卷积神经网络语义分割结果存在的边界模糊和有零散杂波的缺陷,引入条件随机场算法来进行分割,研究条件随机场在深度卷积神经网络模型中的构建,最终对遥感影像数据实现端对端的训练和预测,对分割结果进行优化。同时研究多个波段遥感影像的数据组合,根据不同波段对地物的反射特性,可以获取更丰富的特征,提高语义分割的精度。

(4)针对全卷积神经网络中下采样倍数过大,反卷积过程中造成信息损失的缺陷,研究膨胀卷积算法。利用膨胀卷积算法可以增大感受野,降低了下采样的倍数,提高了计算效率和精度;同时,通过设计膨胀卷积孔尺寸的大小,获取不同尺度的目标特征,可以融合不同尺度上的特征,解决了同一类型、不同大小的目标语义分割问题。

1.5.2　组织结构

本书主要研究深度卷积神经网络用于遥感影像目标检测及语义分割,通过构建几种不同的模型进行目标检测和语义分割。具体章节安排如下:

第1章阐述卷积神经网络用于遥感影像目标检测与语义分割的研究背景和意义,回顾了深度学习技术的发展、卷积神经网络在目标检测领域的发展、卷积神经网络在语义分割领域的发展,以及卷积神经网络在遥感影像语义分割领域的研究现状。针对遥感影像语义分割中存在的问题阐述了本书的研究内容。

第2章主要阐述了图像语义分割相关知识、神经网络理论知识及网络的训练流程、超参数、主要模型、迁移学习的意义及相关的精度评价指标。

第3章主要介绍了区域卷积神经网络用于遥感影像车辆目标的检测,通过介绍传统的滑动窗口目标检测方法的缺陷,提出了基于区域卷积神经网络的遥感影像车辆目标的检测方法,并介绍了区域卷积神经网络的构建及检测的流程。最后对遥感影像中的车辆进行检测实验,并与传统算法进行比较,分析本书所用方法的优劣。

第4章主要介绍全卷积神经网络的构建,通过反卷积算法获取与输入影像等大小的输出图像;为了获取精细的分割结果,采用跳层结构并介绍了其构建方法。最后对遥感影像进行语义分割实验,主要利用三种数据,即水体目标的遥感影像,农村建筑物目标的遥感影像和多目标的城市遥感影像。对于水体目标的语义分割与阈值法和 GrabCut 算法进行实验对比,对于农村建筑物目标的语义分割与 eCognition 软件的面向对象的分类进行实验对比,分析语义分割的结果并评定精度。

第5章主要介绍了条件随机场算法。对于全卷积神经网络存在的分割边界模糊和有零散杂波区域的缺陷,为优化分割结果,引入条件随机场进行语义分割。阐述了条件随机场的基本形式,并利用参数学习算法及平均场方法进行模型推理。构建了引入条件随机场的端对端的训练和预测模型。同时对遥感影像进行语义分割实验,分析结果并评定精度。并介绍了利用遥感影像不同的数据组合 IRGB + DSM 进行语义分割实验,对比分析与 RGB 数据训练的模型语义分割结果。

　　第 6 章主要介绍了在深度卷积神经网络中引入膨胀卷积算法,介绍了膨胀卷积算法及多尺度预测的意义。重点介绍了带有膨胀卷积的 deeplab 模型和作者改进模型的结构,通过对农村建筑物目标进行语义分割实验,分析结果并评定精度。

　　最后对所研究的主要内容及创新性工作进行了总结,提出了对未来研究内容的展望。

　　另外需要说明的是,本文主要使用的是计算机领域中语义分割的概念,要求对图像的每个像素都做分类,即不仅要分割出目标,还要识别出目标的类别;所以该概念与遥感领域中的遥感影像分类概念基本一致,故在本书中部分概念仍然沿用遥感领域中的习惯性提法——遥感影像分类。

第2章　相关理论基础

本章主要介绍与本书工作相关的理论知识,包括图像语义分割;神经网络及卷积神经网络;卷积神经网络架构、训练流程及超参数;卷积神经网络主要模型结构;迁移学习的意义;语义分割评价指标。

2.1　图像语义分割

2.1.1　概述

图像语义分割不是一个孤立的问题,而是图像推理从粗粒度到细粒度转变过程中一个自然的步骤,物体识别或场景理解的演变过程可以参考图2.1。

计算机视觉中的图像分类是对整个输入进行预测,即预测图像中是什么物体,或者给出物体的链表(如果图中有多个物体);定位或检测是细粒度推测的进一步发展,不只提供物体的类别,同时提供这些类别的位置,例如:图心或边界框;利用语义分割(即遥感领域的分类)进行稠密预测,推断每个像素点的类标签,通过这种方式,区域或物体内的像素点被标记为相应的类别;实例分割是分别标记同一类的不同物体,甚至是基于部分的分割,将已经分割出的类进一步分割为底层的组成部分。

像素分类问题可以简化为对于随机变量集合中的任意元素,寻找一种方法来分配类标签。每个类标签代表不同的类或物体(例如:飞机、汽车、交通标志),或者背景。类标签通常为图像中的像素值。

 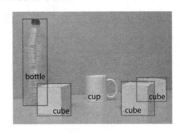

（a）图像分类　　　　　　　　（b）目标检测或定位

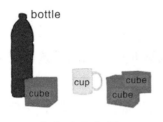 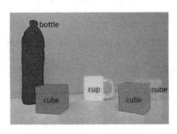

（c）语义分割　　　　　　　　（d）实例分割

图 2.1　物体识别或场景理解的演变过程:分类、检测或定位、语义分割、实例分割

　　图像分割是图像分析与模式识别的核心问题,很多计算机视觉中的问题都要依赖图像分割的结果。宏观上讲,图像分割是根据图像本身的一些特征将其分成多个部分,目的是为了使图像更容易分析。

2.1.2　图像语义分割

　　在遥感领域,语义分割通常称为遥感影像分类。图像语义分割从字面理解就是让计算机根据图像的语义来进行分割。语义在语音识别上指的是语音的意思,在图像领域,语义指图像的内容,对图像的理解;分割的意思是从像素的角度分割出图像中的不同对象,并对原图中的每个像素都进行标注。因此,可以将图像的语义分割定义为对图像各部分进行分组的过程,使组中的每个像素对应于组中的对象类作为一个整体。深度卷积神经网络当前在图像识别任务上已取得成功,如无人车驾驶、医疗影像分析、机器人等领域。语义分割是无人驾驶的核心算法技术,激光雷达或车载摄像头探查到图像后输入到神经网络模型中,后台计算机根据训练好的模型自动将图像进行分割归类,以避让行人和车辆等障碍。医疗影像分析中,将神经网络和医疗诊断结合也成为研究热点,智能医疗研究逐渐成熟。智能医疗领域,语义分割主要应用于肿瘤分割、龋齿诊断等。在遥感领域,可以从机器输入卫星遥感影像来训练神经网络,自动识别道路、河流、庄稼、建筑物等,并对影像中的每个像素进行标注。

2.2　神经网络

2.2.1　单个神经元

以监督学习为例,假设训练样本集为 $(x(i),y(i))$,神经网络算法可以建立一种具有参数 W 、b 的非线性假设模型 $h_{W,b}(x)$,利用该模型可以拟合样本数据。

首先介绍最简单的神经网络——神经元,如图 2.2 所示,它只包含一个神经元。

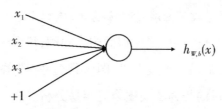

图 2.2　单个神经元结构图

这个神经元的输入样本是 x_1,x_2,x_3 及偏执项为 $+1$ 的运算单元,输出结果为式(2.1):

$$h_{W,b}(x) = f(W^T x) = f(\sum_{i=1}^{3} W_i x_i + b) \qquad (2.1)$$

其中函数 f 称为激活函数。在本书中所用的激活函数为 ReLu,在 2.3.4 中会介绍。

2.2.2　神经网络模型

神经网络模型是将许多单个神经元连接在一起,一个神经元的输出可以作为下一个神经元的输入。如图 2.3 所示即是一个简单的神经网络:

图 2.3 中,圆圈表示神经网络的输入,标有"$+1$"的圆圈是偏执节点,或者叫截距项。神经网络最左边的一层为输入层,最右边的一层为输出层。中

间所有节点由于不能在训练样本中集中观测到它们的值,所以将中间的层叫神经网络的隐藏层。图2.3所示的神经网络中有3个输入节点(偏执节点不计算在内),3个隐藏节点和一个输出节点。

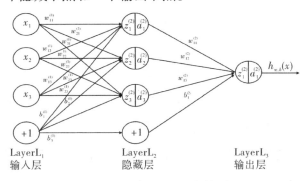

图2.3 神经网络结构图

神经网络的层数用 n_l 表示,那么,图2.3中 $n_l = 3$,将第 l 层记为 L_l,那么 L_1 是输入层,L_{n_l} 是输出层。图2.3中,这个神经网络的参数有 $(W,b) = (W^{(1)}, b^{(1)}, W^{(2)}, b^{(2)})$,其中 $W_{ij}^{(l)}$ 表示第 l 层第 j 节点与第 $l+1$ 层第 i 节点之间的连接参数,即连接线上的权重,$b_i^{(l)}$ 表示第 $l+1$ 层第 i 节点的偏执项。因此在本例中,$W^{(1)} \in R^{3 \times 3}$,$W^{(2)} \in R^{1 \times 3}$。注意,偏执节点没有输入,它们只与后一项节点相连,总是输出 +1。同时。用 S_l 表示第 l 层的节点数(偏执节点不计算在内)。

$a_i^{(l)}$ 表示第 l 层第 i 节点的激活值。当 $l = 1$ 时,$a_i^{(1)} = x_i$ 就是第 i 个输入值(即输入值的第 i 个特征)。对于给定的参数集合 W, b,神经网络可以按照函数 $h_{w,b}(x)$ 来输出结果。下面展示了图2.3所示神经网络的计算步骤:

$$a_1^{(2)} = f(W_{11}^{(1)} x_1 + W_{12}^{(1)} x_2 + W_{13}^{(1)} x_3 + b_1^{(1)}) \tag{2.2}$$

$$a_2^{(2)} = f(W_{21}^{(1)} x_1 + W_{22}^{(1)} x_2 + W_{23}^{(1)} x_3 + b_2^{(1)}) \tag{2.3}$$

$$a_3^{(2)} = f(W_{31}^{(1)} x_1 + W_{32}^{(1)} x_2 + W_{33}^{(1)} x_3 + b_3^{(1)}) \tag{2.4}$$

$$h_{w,b}(x) = a_1^{(3)} = f(W_{11}^{(2)} a_1^{(2)} + W_{12}^{(2)} a_2^{(2)} + W_{13}^{(2)} a_3^{(2)} + b_1^{(2)}) \tag{2.5}$$

用 $z_i^{(l)}$ 表示第 l 层第 i 节点输入加权和(包括偏执节点),那么

$$z_i^{(2)} = \sum_{j=1}^{n} W_{ij}^{(1)} x_j + b_i^{(1)}$$

通过以上公式可以得到更简单的表示 $a_i^{(l)} = f(z_i^{(l)})$。将激活函数 $f(\cdot)$ 用向量的形式来表示,即 $f([z_1, z_2, z_3]) = [f(z_1), f(z_2), f(z_3)]$,那么,上面的等式可以简洁地表示为:

$$z^{(2)} = W^{(1)}x + b^{(1)} \tag{2.6}$$

$$a^{(2)} = f(z^{(2)}) \tag{2.7}$$

$$z^{(3)} = W^{(2)}a^{(2)} + b^{(2)} \tag{2.8}$$

$$h_{W,b}(x) = a_1^{(3)} = f(z^{(3)}) \tag{2.9}$$

以上步骤即为神经网络的前向传播过程。即 $a^{(1)} = x$ 表示输入层的激活值,给定 l 层的激活值 $a^{(l)}$,第 $l+1$ 层的激活值 $a^{(l+1)}$ 就可以按照如下步骤计算得到:

$$z^{(l+1)} = W^{(l)}a^{(l)} + b^{(l)} \tag{2.10}$$

$$a^{(l+1)} = f(z^{(l+1)}) \tag{2.11}$$

将参数矩阵化,使用矩阵——向量的运算方式,就可以用线性代数的优势快速地求解神经网络。

2.2.3 多层神经网络模型

以上讨论的是一种通用的神经网络,也可以构建另外一种包含多个隐藏层的神经网络。最常见的是具有 n_l 层的神经网络,第 1 层是输入层,第 n_l 层是输出层,中间的每个层 l 与层 $l+1$ 相连。这种模式可以按照之前描述的等式进行向前传播,逐一计算第 L_2 层的激活值、第 L_3 层的激活值,直到第 L_{nl} 层,神经网络可以有多个输出单元,比如图 2.4 的神经网络有两层隐藏层 L_2 和 L_3,输出层 L_4 有两个输出单元。

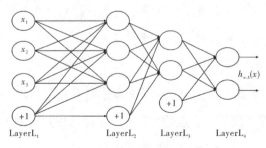

图 2.4　多层神经网络架构

这种神经网络适合预测的输出是多个的。例如有多个目标的目标识别或分割的神经网络,输出就是多个。

2.3　卷积神经网络

卷积神经网络(Convolutional Neural Networks,CNN)是一种深度的前馈人工神经网络,它的人工神经元可以响应一部分覆盖范围内的周围单元,已成功地应用于计算机图像视觉。

卷积神经网络是受生物过程启发,因为神经元之间的连接模式类似于动物视觉皮层的组织结构,单个皮层的神经元只在被称为接受场的视场的受限区域内响应刺激,不同神经元的接受区域部分重叠,从而覆盖整个视野。

传统的特征学习算法需要人工设计过滤器,而卷积神经网络会自动学习各层特征,这是 CNN 的主要优势。

卷积神经网络有两种方法可以降低参数数目,第一种叫局部感知野,第二种叫参数共享,下面对二者进行说明。

2.3.1　局部感知野

一般人对外界的认知是从局部到全局,图像的空间关系也是局部像素较为紧密,较远的像素较弱。所以每个神经元只需对局部进行感知,然后高层再将局部的信息综合起来得到全局信息。如图 2.5(a)图为全连接的神经网络,全连接的层中,每个神经元接收来自前一层的每个元素的输入,对于大小为 1000×1000 的图像,可以表示为一个 10^6 的向量,隐含层数目与输入层数目一样,也是 10^6,那么输入层到隐含层的所有参数为 $10^6 \times 10^6$ $= 10^{12}$,这么多的参数,很难进行训练。同样大小的图像,(b)图为局部连接的神经网络,卷积层中神经元只从前一层的一个受限子区域接收输入,如果每个神经元只与 10×10 个像素值相连,那么参数数据为 $10^6 \times 10^2 =$ 10^8 个,减少为原来的万分之一。而 10×10 个像素值对应的 10×10 个参数,就相当于卷积操作。

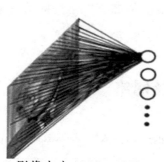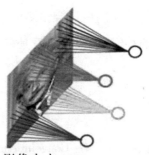

影像大小:1000×1000
参数:1000000×1000000=10^{12}

影像大小:1000×1000
神经元尺寸: 10×10
参数:1000000×100=10^{8}

(a)全连接的神经网络　　　　(b)局部连接的神经网络

图2.5　卷积神经网络参数减少

2.3.2　参数共享

虽然局部感知野减少了参数,但是仍然还有很多,第二种降低参数数目的方法是权值共享。在图2.5(b)局部连接中,每个神经元对应100个参数,一共1000000个神经元,假如这些神经元的100个参数都相等,那么参数数目就是100。根据图像的一部分统计特征与其他部分是一样的原理,100个参数(即卷积操作)可以看作提取特征的方式,对于图像上的所有位置,可以使用同样的学习特征。

直观的理解,就是用同一个卷积核来作用于整幅图像,即进行卷积运算,这样相同的目标获得相同的特征,不同的目标获得不同的特征;但一个卷积核获取的特征往往不够,可以使用多个卷积核作用于整幅图像,这样,对于同一目标就可以获得多个特征。

2.3.3　卷积计算

卷积计算里有三个概念,深度指图像的通道数,比如一张 RGB 图像,通道数即深度为3;步长指窗口每次滑动的像素数;边界填充值指为了滑动窗口正好滑动到边界,或者为使卷积核的中心能达到图像的边界需要在周围填充0,填充值是几就填几圈。

如图2.6,展示了3×3的卷积核在5×5的图像上做卷积的过程,步长为1,最后输出3×3的特征图。每个卷积核都能提取一种特征,将图像中符合条件的部分过滤出来,所以卷积核也叫滤波器。

　　为了描述卷积计算过程,首先用 $x_{i,j}$ 表示一幅图像的第 i 行第 j 列元素;用 $w_{m,n}$ 表示卷积核第 m 行第 n 列权重,用 b 表示卷积核的偏置项;用 $z_{i,j}$ 表示输出特征图的第 i 行第 j 列元素,用 $a_{i,j}$ 表示用激活函数 f 获得的最终特征图的第 i 行第 j 列元素;然后,使用公式(2.12)、(2.13)计算卷积,图2.6展示了卷积计算的一个具体例子,选择的激活函数为 ReLu。

$$z_{i,j} = \sum_{m=0}^{2}\sum_{n=0}^{2} w_{m,n}x_{i+m,j+n} + b \tag{2.12}$$

$$a_{i,j} = f(z_{i,j}) \tag{2.13}$$

卷积核大小为3×3, 输出的
偏执项为0,步长为1 特征图

图像的大小为5×5

图 2.6　卷积计算

2.3.4　多卷积核

　　上述 1 个 10×10 的卷积核,只有 100 个参数,显然提取的特征是不充分的;多个卷积核,则能学习到多种特征,如图 2.7 所示:

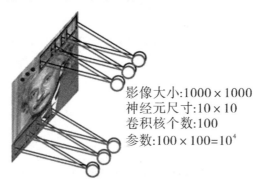

影像大小:1000×1000
神经元尺寸:10×10
卷积核个数:100
参数:$100 \times 100 = 10^4$

图 2.7　多卷积核局部连接神经网络

图 2.7 中表明每个不同的卷积核将生成另外一幅特征图像,每幅特征图

像可以看作是一张图像的不同通道。

图2.8为多卷积核计算的一个例子,输入影像为3个通道,边界填充值为1,即给图像边界补一圈0,得到输入影像大小为7×7,卷积核为 w_0 和 w_1 两个,卷积核为3个通道,大小为3×3的滑动窗口,步长为2。卷积窗口的对应通道与输入影像的对应通道卷积相乘,每个通道都会得到一个值,把这3个值相加再加上偏执项b就得到输出层的值,最后卷积核 w_0 得到一个矩阵,卷积核 w_1 会得到第二个矩阵。具体的计算按照公式(2.12)。

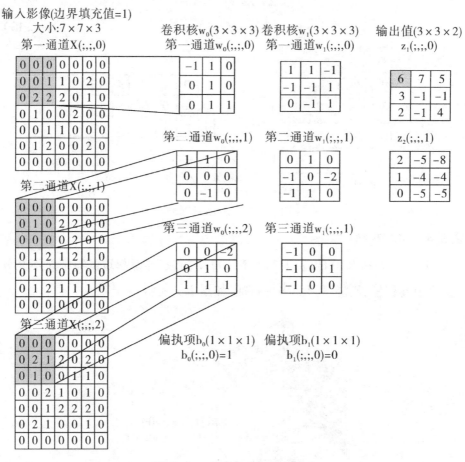

图2.8　多卷积核的计算

2.3.5　卷积神经网络的架构

CNN 包括输入层和输出层,以及多个隐藏层。其中 CNN 的隐藏层通常由卷积层、激励层、池化层、全连接层组成。

1. 输入层

卷积神经网络的输入层(Input Layer)可以直接是二维图像,预处理较少,不需要手工设计图像特征,卷积神经网络可以自动从原始图像数据中提取特征,学习分类器。CNN 对输入图像做预处理仅是去均值,即算出所有样本各个通道的像素的平均值,再让所有样本减去这个均值,使输入数据各个维度都从中心化到零。

2. 卷积层

卷积层(Convolution Layer,简称 Conv)是特征提取层,每个卷积层中包含多个卷积神经元,也叫卷积核。它是局部关联,通过对窗口进行滑动操作,卷积核对局部数据做计算。卷积计算具体在 2.3.3 和 2.3.4 中有介绍。

3. 激励层

神经网络最初起源于关于大脑中神经元如何连接的生物学理论,并允许对信息进行处理。非线性函数被用来模拟网络层中特定神经元的激活,因此也被称为激活功能。

一般说来,卷积层的输出值又被输入到每一层的激励函数中,做非线性变换。常见的激励函数有 Sigmoid 函数、双曲正切函数(tanh)、修正线性单元(Rectified linear unit, ReLu)、maxout 等。Sigmoid 是深度学习中最开始使用的,现在基本已经不用了,从图 2.9(a)可以看出,因为当 x 比较大时,它的输出值都比较接近 1,那么梯度就接近于 0,而我们是需要梯度取优化的,这将导致无法完成权值优化。ReLu 是比较常用的激励函数,因为没有指数运算,收敛快,求梯度简单,从图 2.9(c)可以看出其较脆弱的特点是,当 x 的值小于 0 后,它仍然会出现梯度为 0 的结果。但通过证明,ReLu 没有像 tanh 和 Sigmoid 函数那样出现梯度消失,在计算上是有效的,因此,ReLu 是推荐的激励函数。本书中使用的激励函数为 ReLu,函数形式如式(2.14),函数图像如图 2.9(c)。

$$y = f(x) = \max(0, x) \tag{2.14}$$

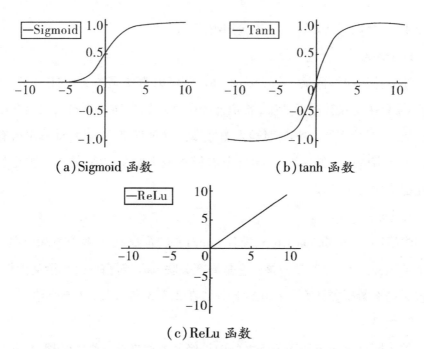

（a）Sigmoid 函数　　　　　　（b）tanh 函数

（c）ReLu 函数

图 2.9　三类激活函数的图像

对于 ReLu 函数，当输入值为负时，ReLu 函数的导数为 0，而当输入值为正时，ReLu 函数的导数为 1。当输入值等于 0 时，ReLu 函数不可导。式（2.15）为 ReLu 函数的导数：

$$f^{'}(x) = \begin{cases} 1 & if\, x > 0 \\ undefined & if\, x = 0 \\ 0 & if\, x < 0 \end{cases} \tag{2.15}$$

ReLu 函数的求导表现得很好，要么让参数消失，要么让参数通过。ReLu 减轻了神经网络的梯度消失问题。

4. 池化层

卷积层通常带有池化层（Pooling Layer，简称 pool），有助于在空间上对输入特征进行下采样，目的是压缩数据和参数的量，减少过拟合。它的位置一般在连续的卷积层之间。池化层通过滑动窗口将输入信息聚合起来，并将输出结果再输入到（非线性）池化函数中，从而降低其空间分辨率。

在池化操作中，输入图像通常被划分为不重叠的子区域，从每个子区域返回来单个值。主要算法有最大池化和平均池化,在最大池化(max pooling)中,返回每个子区域的最大值;另一种是平均池化(average pooling),其返回子区域的平均值。池化层还可以通过设定步长控制输出的维度。

如图 2.10 显示最大池化的计算方法,对于 4×4 的输入影像,用 2×2 的池化窗口,步长为2,在 2×2 窗口中的最大值,即为池化后的值,最终输出的影像尺寸为 2×2。

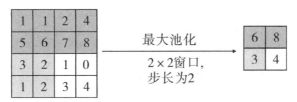

图 2.10　池化层说明

5. 全连接层

全连接层(Fully Connected Layers,简称 FC)是相邻两层的所有神经元都有权重相连,目的是最大可能地利用卷积计算和池化后保留下的信息还原输入信息,一般在卷积神经网络的尾部,如图 2.11。

由于一个完全连接层的神经元接收到来自所有输入神经元的激活,导致空间信息丢失。这在语义分割问题中是不可取的,克服这一问题的一种方法是将完全连接的层视为其等效的卷积层表示,它们可以看作是应用于整个输入(图像空间或特征空间)的 1×1 卷积,具有完全连接的映射。这里的卷积核也可以被看作具有与输入层相同的空间范围。因此,可以像在输入层中一样进行处理。

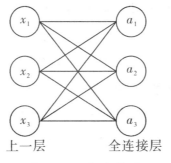

图 2.11　全连接层

6. 分类器

在选择分类器时,要考虑到手头的问题和正在使用的数据。本书使用了归一化指数函数(Softmax),Softmax 分类器可以泛化到多分类的情形,Softmax 分类器仍然需要将输入的像素向量映射为得分值,但还需要将得分值映射到概率域中。对于损失度量使用交叉熵损失,即 Softmax 函数的负对数似然函数。对每个输入 x_i,类别为 k,softmax 函数如式(2.16):

$$P(Y = k \mid X = x_i) = \frac{e^{(a_k)}}{\sum_j e^{(a_j)}} \qquad (2.16)$$

其中 a 为 CNN 前几层获得的输出值。即 $a = f(x_i; W, b)$。

除了 Softmax 函数外,支持向量机损失(SVM)分类器也是常见的,其中损失被定义为铰链损失。SVM 分类器为每个类直接打分并作为输出,而不是 Softmax 返回类似于概率的可解释结果。

7. 正则化

训练数据的过度拟合是一个很大的问题,所谓的过拟合是指模型在训练过程中能很好地拟合训练数据,但是在训练数据外的数据集(测试集)上却不能很好地拟合数据,这被称为过拟合的现象。尤其是当处理深度神经网络时,这种神经网络的强大程度足以在训练集上很好地拟合自己,而代价是泛化能力差。为了避免过度拟合而发展起来的技术称为正则化技术。这里讲两种正则化策略。

一种是 dropout 层的设计[24],是训练阶段包含的一种简单有效的正则化策略。其特征是一个概率值,dropout 可以让模型在训练时,随机丢弃网络中的某些节点(输出置 0),也不更新权重,这样的话这些参数就会减少,训练速度也更快。dropout 层在训练阶段主要丢弃隐藏节点,丢弃概率通常为 0.5;对输入节点一般不做处理,因为当输入节点被忽略时,信息会直接丢失。dropout 的意义是减少了节点间的交互,可以避免某些特征只在固定的组合下才生效,使网络学习到更健壮的特性,有利于推广到新的数据。图 2.12 显示了 3 层神经网络使用 dropout 策略后的网络。

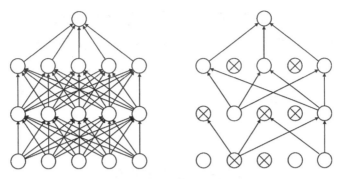

2.12 左图是标准的神经网络,右图是应用 dropout 后的网络

另一种常见的正则化方法是 L2 正则化。L2 正则化是在损失函数后面再加上一个额外的被称作 L2 正则化的项,将所有参数的平方和,即式(2.17)中的 $R(W)$ 按照一定的强度添加到 2.4.2 节中的损失函数(2.20)公式中。

$$R(W) = \sum_i \sum_j w_{i,j}^2 \tag{2.17}$$

其中 $w_{i,j}$ 为权重矩阵中的具体元素。

通过反向传播,L2 正则化项使权值 w "变小",更小的权值 w,表示网络的复杂度更低,对数据的拟合刚刚好,所以正则化是通过约束参数的范数使其不要太大,可以在一定程度上减少过拟合情况。

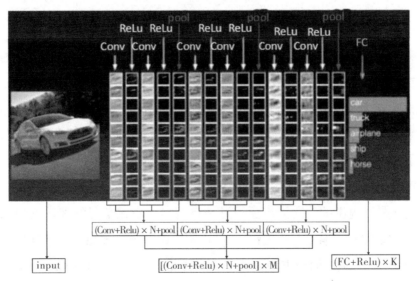

图 2.13 卷积神经网络的架构

那么,卷积神经网络通用的结构如图 2.13 所示,首先是输入层 input,接下来是 N 个卷积层和激励层 Conv + ReLu, N 个卷积层和激励层后要进行一次池化 pool,即(Conv + ReLu) × N + pool,这样的(Conv + ReLu) × N + pool 结构可能有 M 个;最后是 K 个全连接层和激励层,其中 N、M 和 K 在不同的模型中有不同的个数。

2.4   训练流程

神经网络的学习训练过程可以理解为以下四个步骤:

1. 前向计算

2. 损失优化

3. 反向传播

4. 参数更新

2.4.1   前向计算

首先图像通过预处理后输入,通常包括减像素的平均值和归一化处理。

$$x_i = x_i - x_{\text{mean}} \tag{2.18}$$

$$x_i = \frac{x_i}{\delta} \tag{2.19}$$

这里 x_i 为输入图像的像素值,x_{mean} 为像素的平均值,δ 为输入矢量的标准差。

然后通过神经网络体系架构(通常由 2.3.5 描述的层组成)进行计算。通常情况下,较低层由交替卷积层和池化层组成,然后是完全连接的较高层,最后是网络输出类的得分,即属于某个类的概率。语义分割则为图像中的每个像素提供了一个类别评分。

2.4.2   损失优化

网络最终提供的分数值需要通过调整网络中正在学习的参数的值来优化,即对权重 W 和偏差 b 的优化。这种确定哪组参数是理想参数的问题可以用损失函数来量化,而损失函数就是一个优化问题。对于 Softmax 分类器来说,损失函数是类分数的每个向量的交叉熵损失,如式(2.20):

$$L_i = - \log(\frac{e^{(a_i)}}{\sum_j e^{(a_j)}}) \tag{2.20}$$

实际情况中,为了使算法更简单清楚,加入权重衰减,如正则项 L2,解决参数冗余所带来的数值问题,解决过度拟合。如式(2.21):

$$L = \sum_n^N L_i + \lambda R(W) \tag{2.21}$$

其中 λ 是正则化强度,L 是总损失。

2.4.3 反向传播及参数更新

反向传播是神经网络学习中的一个基本概念,其目的是周期性地更新初始化权重参数 W 和 b。反向传播有助于解决的问题是优化损失函数,一般采取梯度下降法求解。反向传播是利用链式法则递归计算表达式的梯度方法。链式法则即对复合函数求偏导的过程。公式如(2.22):

$$\frac{\partial f}{\partial x} = \frac{\partial f}{\partial q} \frac{\partial q}{\partial x} \tag{2.22}$$

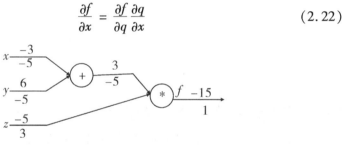

图 2.14 反向传播计算的例子

图 2.14 提供了反向传播算法的一个简单例子,即对函数 $f(x,y,z) = (x+y)z$ 求偏导,那么 $q = x + y$,$f = qz$,其中前向传播计算的值用图 2.14 箭头线上的值表示,反向传播从尾部开始,根据链式法则递归地向前计算梯度,用图 2.14 箭头线下的值表示,直到网络的输入端。可以认为,梯度是从计算链路中回流。反向传播从最上层的节点 f 开始,初始值为 1,以层为单位进行处理。节点 q 接收 f 发送的 1 并乘以该节点的偏导值 $\frac{\partial f}{\partial q} = z = -5$,节点 z 接收 f 发送的 1 并乘以该节点的偏导值 $\frac{\partial f}{\partial z} = q = 3$,至此第二层完毕,求出各节点的总偏导值并继续向下一层发送。节点 q 向 x 发送 -5 并乘以偏导值 1 等于

31

$\frac{\partial f}{\partial q}\frac{\partial q}{\partial x} = (-5) \times 1 = -5$，节点 q 向 y 发送 -5 并乘以偏导值 1 等于 $\frac{\partial f}{\partial q}\frac{\partial q}{\partial y} =$ $(-5) \times 1 = -5$，至此第三层完毕，节点 x，y 的偏导值都为 -5，即顶点 f 对 x，y 的偏导数均为 -5。

梯度下降法中，伴随网络每一次迭代，参数 W 和 b 按照公式（2.23）、（2.24）进行参数更新：

$$W_{ij}^{(l)} = W_{ij}^{(l)} - \alpha \frac{\partial}{\partial W_{ij}^{(l)}} L(W, b) \tag{2.23}$$

$$b_i^{(l)} = b_i^{(l)} - \alpha \frac{\partial}{\partial b_i^{(l)}} L(W, b) \tag{2.24}$$

其中 $w_{ij}^{(l)}$ 为第 l 层第 j 节点与第 $l+1$ 层第 i 节点之间的连接参数，$b_i^{(l)}$ 表示第 $l+1$ 层第 i 个神经元的偏执项，α 是学习率，L 为损失函数。

2.5　超参数

神经网络结构的一个重要部分是超参数的选择。超参数是在实际训练（优化）过程之前被设置为特定值的变量。在选择这些值时存在多种方法：

（1）超参数是手动设置的，通常是利用现有知识和猜测获得参数值。然后根据需要对参数进行修改，直到找到可用的参数集。

（2）搜索算法：可以使用网格搜索或随机搜索算法来确定超参数的可行范围。然后，使用这些范围内提供的所有参数组合，在多个模型上对网络进行训练。

（3）"超"优化：这里的指导思想是创建一个自动的方法，它可以根据任务优化模型的性能，对网络的泛化性能进行建模，从而优化搜索算法在实验后选择参数。

在训练阶段，通常采用三种方法向神经网络提供数据：

（1）批量梯度下降：损失函数梯度是在整个数据集上计算的。

（2）小批量梯度下降：训练数据集的一个子集（称为小批处理）被输入到

网络中,并对每个这样的小批进行更新。

(3)随机梯度下降法:每个训练的样本都要进行参数更新。

实践中具体要调整的参数有学习率、小批处理大小、权重初始化、正则化、动量,下面进行详细的介绍。

2.5.1 学习率

学习速率可以理解为在梯度方向上对参数进行梯度更新的速度。当这个速度太小时,模型收敛需要很长时间。另一方面,如果太大,模型发散,损失函数值可能会波动不定。为了确保最优学习,首先定义初始学习速率一般为 0.01,在此之后,根据最小批处理大小和迭代次数,定期使用衰减因子更新学习率。由于本书中主要使用迁移学习,所以初始学习率较小。

2.5.2 小批处理大小

选择小批处理而不是批处理或随机梯度下降更新规则,是因为它既考虑了其他两种选择的优点,又最小化了缺点(不像随机梯度下降那样有噪声,也不像批处理梯度下降那样低效)。然后,根据计算机的计算能力来确定要使用的小批处理的大小。

2.5.3 权重初始化

在求解神经网络的过程中,首先要将所有参数 $W_{ij}^{(l)}$ 和 $b_i^{(l)}$ 初始化至一个接近于零的很小的随机值,比如使用正态分布 Normal$(0, \varepsilon^2)$ 生成随机值;之后对目标函数使用最优化算法来更新参数,比如梯度下降法。在实际应用中,用梯度下降法通常能得到很好的效果。这里需要再次强调的是将参数进行随机初始化时,不能全部置为零;如果所有参数都具有相同的初始值,那么隐藏层单元会得到与输入值有关的相同函数,这样网络就无法收敛。随机初始化的目的是使对称失效。

2.5.4 正则化

正则化强度是通过在训练过程中对验证集的模型进行评估来确定的,式(2.21)的正则化强度 λ 通常依赖于损失函数,范围在 10^{-3} 到 10^4 之间。dropout 的比例一般设置为 0.5,即舍弃 50% 的神经元不参与计算,这个在参考文献[7]中证明是有效的。

2.5.5　动量

虽然深度学习中随机梯度下降优化方法非常受欢迎,但其学习过程有时很慢,动量法的目的是加速学习,动量算法积累之前梯度衰减的移动平均,并且继续沿该方向移动。

如果把梯度下降法想象成一个小球从山坡到山谷的过程,如图2.15 直观地解释了动量法的基本内容。A 为起始点,小球带有一定的初速度 v_{t-1},到了 B 点需要加上 A 点的梯度,这里速度需要有一个衰减值 γ,推荐取 $0.9^{[25]}$。这样相当于给早期的梯度一个阻力,随着时间的推移,逐渐失去能量,最终收敛到极小点。那么,B 点的参数更新如下:

$$v_t = \gamma v_{t-1} + \alpha \nabla b \tag{2.25}$$

$$\theta_{new} = \theta - v_t \tag{2.26}$$

θ 为初始参数,α 为学习率,∇b 为 B 点的梯度。这样带着初速度的小球就会极速地奔向谷底。动量法就是模拟这一过程来加速神经网络的优化。

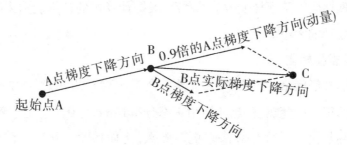

图2.15　动量法解释图

2.6　主要模型介绍

2.6.1　LeNet −5

CNN 经典的模型是始于1998 年的 LeNet,主要用于识别10 个手写数字,它推动了深度学习领域的发展。LeNet 的架构如图2.16:

如图2.16,LeNet −5 总共包含7 层,不包含输入层,针对灰度图进行训练。其中,输入图像是 32×32 像素的灰度图像;C1 层是卷积层,进行特征映射,使用了 6 个 5×5 的卷积核,得到 6 个 28×28 的特征图;S2 层为池化层,进行特征压缩,得到特征图的大小为 14×14;C3 层也是一个卷积层,使用了 16 个 5×5 的卷积核,得到 16 个 10×10 的特征图;S4 层为池化层,进行特征压缩,得到特征图的大小为 5×5;C5 同样是卷积层,使用 120 个大小为 5×5 的卷积核,生成 120 个大小为 1×1 的特征图;F6 为全连接层,有 86 个神经元,与 C5 进行全连接,得到 86 个特征向量。最后输出层 OUTPUT 得到 10 个值,即 0–9 的概率,概率高于那个数的就是最终的预测结果。

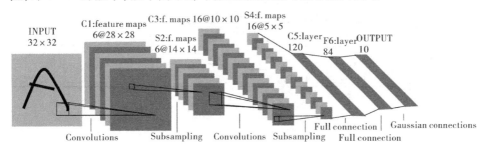

图 2.16　LeNet 的架构

2.6.2　AlexNet

2012 年,Hinton 的学生 Alex Krizhevsky 提出了深度卷积神经网络模型 AlexNet[3],AlexNet 是 LeNet 的一种更深更宽的版本,其获得了 2012 年 ILS-VRC 比赛分类项目的冠军。作者主要做了如下的修改:第一,使用了 ReLu 作为激活函数,而非 Tanh 和 sigmoid 函数;训练同等的深度卷积神经网络,带 ReLu 的网络比带 tanh 的网络要快好几倍。同时,成功解决了 sigmoid 在较深网络中的梯度消失问题。第二,在多个 GPU 上训练,跨 GPU 并行化时,GPU 之间的读写通信不需要通过主机内存。同时,AlexNet 的设计让 GPU 之间的通信只在网络的某些层进行,控制了通信的性能损耗。第三,在池化层,AlexNet 全部使用最大池化,而之前的 CNN 主要使用平均池化,避免了平均池化的模糊化效果;另外,AlexNet 中池化层的步长小于池化窗口的尺寸,这样该层的输出之间就会有重叠,使特征的丰富性得以提升。第四,数据增强方面,人为地扩大数据集。这里采用了两种方法,随机裁取和水平镜像翻转,且由此产生的扩充训练集一定是相互高度依赖的。进行了数据增强后,大大减轻了过拟合,增强了模型的泛化能力。第五,采用 dropout 技术,以 0.5 的概率将每个隐层神经元的输出设置为 0,即随机忽略一部分神经元,以避免模型过拟合。在 AlexNet 结构中,对前两个全连接层使用 dropout,dropout 避免了过拟合,同时提高了收敛速度。

AlexNet 包含五个卷积层和三个全连接层共八个学习层。最后一个全连接层的输出送到 Softmax 分类器,产生一个覆盖 1000 类标注的分布,图 2.17 介绍了 AlexNet 的基本结构。

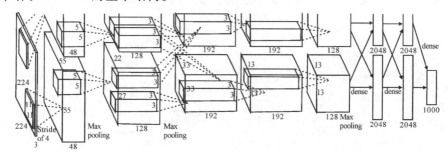

图 2.17 AlexNet 的基本结构

2.6.3 ZFNet

ZFNet[26]可以理解为对 AlexNet 进行了微小的改进。ZFNet 是由纽约大学的 Matthew Zeiler 和 Rob Fergus 设计的,结构如图 2.18 所示,与 AlexNet 在结构上的差异主要有两方面,一方面 ZFNet 只用了一块 GPU 的稠密连接结构;另一方面改变了 AlexNet 的第一层,将滤波器的大小由 11×11 变成 7×7,并且步长由 4 变成了 2,以保留更多原始信息;同时卷积三、四、五层的卷积核个数由 384、384、256 变换为 512、1024、512。但这篇文章的主要贡献在于在一定程度上解释了卷积神经网络为什么有效,以及如何提高网络的性能。该网络的贡献在于:第一,使用了反卷积网络,可视化了特征图。通过特征图证明了浅层网络学习到了图像的边缘、颜色和纹理特征,高层网络学习到了图像的抽象特征。第二,根据特征可视化,提出 AlexNet 第一个卷积层卷积核太大,导致提取到的特征模糊。第三,通过几组遮挡实验,对比分析找出了图像的关键部位。第四,论证了更深的网络模型,具有更好的性能。

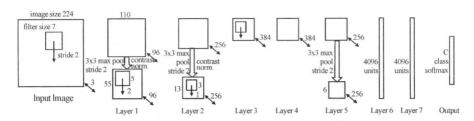

图 2.18　ZFNet 的基本结构

2.6.4　VGG – Net

VGG – Net 是牛津大学视觉几何组（Visual Geometry Group）提出的一种 CNN 模型,他们提出了多种 CNN 模型及其配置,通过反复使用 3 × 3 的小型卷积核和 2 × 2 的最大池化核,构筑了深度为 16 ～ 19 层的卷积神经网络,其中之一参加了 ILSVRC – 2013 的 ImageNet 大规模视觉识别挑战赛,这个模型就是 VGG – 16,由其 16 个权重层而命名,并且以 92.7% 的准确率取得前 5。VGG – 16 与之前网络架构的主要不同在于使用较小感受野的卷积层作为第一层,而非使用几层大感受野,通过不断加深网络结构来提升性能。减少了参数的数量,增强了非线性化程度,因此判别函数更容易区别、模型更容易被训练。

图 2.19 展示了 VGG – 16 的模型结构图,图左一列表示每一层输出的图像的大小、通道数及所需要的参数个数,如数据输入层 224 × 224 × 3（参数:0）表示图像大小为 224 × 224 像素,有 3 个通道,该层需要计算的参数为零个;中间一列为每一层的详细信息;右边一列表示的一共都有哪些模块。VGG – 16 中所有卷积计算都是用 3 × 3 的卷积核,步长为 1,边界补零为 1 位;池化层使用的是最大池化,卷积核为 2 × 2,步长为 1,边界不补零。

CNN 卷积神经网络模型还有 2015 年底给出的残差网络（ResNet）,是 2015 年的 ILSVRC 比赛冠军,作者提出了 50、101、152 层的 CNN 卷积神经网络模型。可以看到,模型设计思路基本上朝着更深的网络以及更多的卷积计算方向发展。虽然这种方式有点暴力,但效果上确实提升了。

传统的卷积神经网络模型对内存、显卡以及设备计算性能都有一定的要求,很难在移动设备或嵌入式设备上部署运行,2017 年以后推出一种轻量级的深度神经网络模型 MobileNet 系列、ShuffleNet 系列等。这些系列的核心思想是用深度可分离卷积代替传统卷积操作。与经典网络相比,轻量型模型在精度方面有小幅度下降,但网络参数及计算量能够大幅降低,由此可以达到模型轻量化的目的,实现在移动设备或嵌入式设备上部署神经网络的需求。

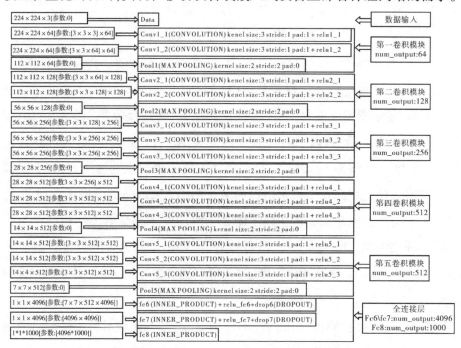

图 2.19　VGG – 16 模型结构图

2.7　迁移学习

迁移学习(Transfer Learning),即现有模型对新的体系结构或数据的适应性,从现有模型出发,为新任务重新调整旧的模型权重,并根据需要初始化新的权重。一般而言,由于从头开始训练一个深度神经网络通常比较困难,首先要求有足够多的数据集,其次达到收敛需要大量的时间,那么从预训练的权重开始而非随机初始化的权重开始训练通常对于网络收敛是有帮助的,即从预训练的权值开始进行微调(fine – tuning),继续进行训练是迁移学习的主要情景。

假如预训练任务与目标任务差异较大,其特征的可迁移性就较低。但是,Yosinski 等证明从不同的任务中迁移特征也优于使用随机初始化[27]。即使如此,迁移学习也是不容易的,因为一方面网络架构的参数要能够对应。为了能够实现迁移学习,通常会重用现有的网络模型,而不使用全新的网络结构;另外,微调和重头训练的训练过程略有不同,选择哪一层进行微调是重要的,通常是网络中的较高的层,因为底层通常是用来获得通用的特征。训练过程中,选择合适的学习率也很重要,通常采用较小的学习率,而不用彻底改变权重。

本书进行实验都是对权值进行微调,采用迁移学习的情景。

2.8　精度评价指标

图像分割中有很多标准来衡量算法的精度,本文主要使用普通语义分割和场景解析评估中的四种度量指标,即像素精度、平均像素精度、平均交并比及频权交并比。假如,对于一幅图像共有 $K+1$ 类,其中包含一个背景类,P_{ij} 表示属于类别 i 而被预测为类别 j 的像素数量。则 P_{ii} 表示真正的数量,P_{ij} 和 P_{ji} 表示假正和假负。

1. 像素精度(Pixel Accuracy,PA),这个是最简单的度量指标,表示标记正确的像素占总像素的比例。

$$PA = \frac{\sum_{i=0}^{k} p_{ii}}{\sum_{i=0}^{k} \sum_{j=0}^{k} p_{ij}} \tag{2.27}$$

2. 平均像素精度(Mean Pixel Accuracy,MPA),表示每个类内被正确分类的像素数的比例,再求所有类的平均。

$$MPA = \frac{1}{k+1} \sum_{i=0}^{k} \frac{p_{ii}}{\sum_{j=0}^{k} p_{ij}} \tag{2.28}$$

3. 平均交并比(Mean Intersection over Union,MIoU),为语义分割的标准度量。表示真实值和预测值这两个集合的交集和并集之比。这个比例可变形表示为真正数(交集)与真正、假负、假正(三者并集)之和的比。对每个类计算一个交并比,最后取平均。

$$MIoU = \frac{1}{k+1} \sum_{i=0}^{k} \frac{p_{ii}}{\sum_{j=0}^{k} p_{ij} + \sum_{j=0}^{k} p_{ji} - p_{ii}} \tag{2.29}$$

4. 频权交并比(Frequency Weighted Intersection over Union, FWIoU),是MIoU 的一种提升,这种方法可以根据每个类出现的频率为其设置权重。

$$FWIoU = \frac{1}{\sum_{i=0}^{k} \sum_{j=0}^{k} p_{ij}} \sum_{i=0}^{k} \frac{p_{ii}}{\sum_{j=0}^{k} p_{ij} + \sum_{j=0}^{k} p_{ji} - p_{ii}} \tag{2.30}$$

以上的四种度量标准中,MIoU 比较简洁、代表性强,是最常用的度量标准。为了更直观地理解,可以用图 2.20 表示。椭圆 A 表示真实值,椭圆 B 表示预测值,C 表示椭圆 A 和椭圆 B 的交集,即真正(即预测为 1,真实值也为1)部分,椭圆 A 除去交集 C 部分表示假负(即预测为 0,真实为 1),椭圆 B 除去交集 C 部分为假正(即预测为 1,真实为 0),两个椭圆之外的区域为真负(即预测为 0,真实也为 0)。MIoU 计算 A 与 B 交集同 A 与 B 并集之间的比例,理想情况是 A 与 B 重合,两者比例为 1。

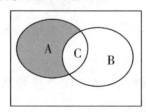

图 2.20 MIoU 评价指标图形理解

2.9 本章小结

本章主要围绕本书研究的主要内容,介绍了相关的理论知识,主要包括图像语义分割的概述;神经网络模型介绍,卷积神经网络的一些特性,如局部感知、参数共享、卷积计算、多卷积核以及卷积神经网络的基本架构;神经网络训练流程;模型中的超参数;主要的一些模型,其中重点介绍了 VGG – 16模型;同时简单介绍了迁移学习和语义分割精度评价指标。

第 3 章　区域卷积神经网络用于车辆目标检测

本章重点介绍基于深度卷积神经网络的目标检测方法,以车辆作为检测的对象研究区域卷积神经网络算法用于遥感影像车辆检测的方法和技术,同时与传统的算法进行比较,为后续的语义分割奠定基础。

3.1　目标检测

关于目标的分类、定位检测在第二章里作了简单的介绍,计算机视觉中的图像目标分类就是给一张图片,判断目标是哪一类,如猫、汽车等。如图 3.1 为标准的 CNN 分类模型流程,原始图片经过卷积层后,分类器 Softmax 层输出 4×1 个向量,即行人、车辆、摩托车、背景四类的概率;定位检测,指图片中有多个物体,不但要判读目标的类别还要输出目标的位置,如用框框起来,如图 3.2。

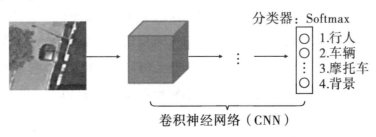

图 3.1　标准的 CNN 分类模型流程

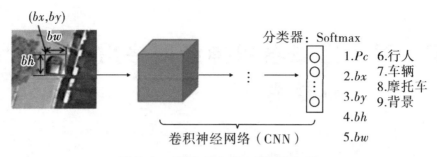

图 3.2　CNN 目标检测模型流程

图 3.2 给定一张图片,要确定目标是什么、位置在哪,把图片置入卷积神经网络 CNN 中训练,分类器 Softmax 层输出 9×1 向量。除了包含上述一般 CNN 分类的三个类别 3×1 向量和 1 个背景向量外,还包含了(bx, by),表示目标框左上角的坐标或像素值;还包含了 bh 和 bw,表示目标所在矩形区域的高和宽;还包含了 Pc,表示矩形区域是目标的概率,数值在 0~1 之间,数值越大则为目标的概率越大。一般设定图片左上角为坐标原点(0,0),向右为 x 轴正方向,向下为 y 轴正方向。在模型训练时,bx、by、bh、bw 是通过人工方式标定的数值。

3.1.1　滑动窗口检测

进行目标检测的一种简单方法是滑动窗算法,这种算法的大致思路是先在训练样本集上搜集相应的各种目标图片和非目标图片,如图 3.3,车辆目标用 1 表示,背景目标用 0 表示。应注意训练集中的图片尺寸较小,尽量仅包含相应目标,然后,使用这些训练集利用某种算法从中提取目标和非目标的特征,比如利用方向梯度直方图(Histogram of Oriented Gradient, HOG)提取出车辆和非车辆的特征,然后训练分类器如 SVM,得到 SVM 分类器模型。最终,在测试图片上,选择大小适宜的窗口、合适的步长,如图 3.4 所示,进行从左到右、从上倒下的滑动。每个窗口区域都送入之前构建好的 SVM 分类器模型进行识别判断。若判断有目标,则此窗口即为目标区域;若判断没有目标,则此窗口为非目标区域。这个思路也可以看作是 HOG + SVM 进行目标检测的思路。

滑动窗算法的优点是原理简单,且不需要人为选定目标区域,检测出目标的滑动窗即为目标区域。但是其缺点也很明显,首先滑动窗的大小和步长都需要人为直观设定。滑动窗过小或过大、步长过大均会降低目标检测的正确率。假如利用 CNN 来提取特征,每个滑动窗区域都要进行一次 CNN 网络计算,如果滑动窗和步长较小,那整个目标检测的算法的运行时间会很长。所以,滑动窗算法虽然简单,但是性能不佳,不够快,不够灵活。

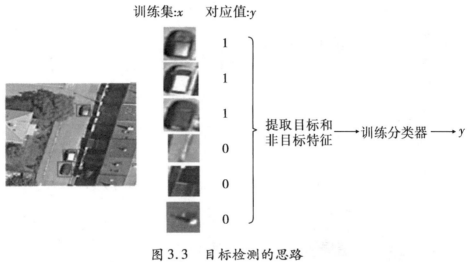

图 3.3 目标检测的思路

图 3.4 不同大小的窗口滑动检测

3.1.2 滑动窗口的卷积计算

在深度卷积神经网络中使用滑动窗口法,如图 3.5 中,滑动窗口大小为 14×14,步长为 2,对于 $16 \times 16 \times 3$ 的图片,利用滑动窗算法需要反复进行 CNN 正向计算,共计算 4 次,最终 CNN 网络得到的输出层为 $2 \times 2 \times 4$,表示共有 4 个大小为 2×2 的窗口结果;对于更复杂的 $28 \times 28 \times 3$ 的图片,CNN 网络需进行 64 次计算,最终的输出层为 $8 \times 8 \times 4$ 的结果。可见有大量的重复计算。

可以利用卷积操作代替滑动窗算法,则不管原始图片有多大,只需要进行一次 CNN 正向计算,因为其中共享了很多重复计算部分,一次性得到所有预测值,减少重复计算,大大节约了运算成本。

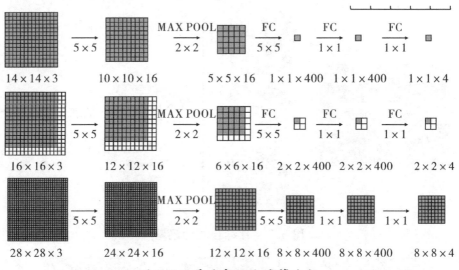

图 3.5　滑动窗口法计算次数

3.1.3　交并比

交并比(Intersection over Union,简称 IoU),即交集与并集之比,可以用来评价目标检测区域的准确性。

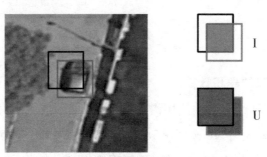

图 3.6　交并比

如上图所示,深色方框为真实目标区域,浅色方框为检测目标区域。两块区域的交集用 I 表示,并集用 U 表示。两个方框的接近程度可以用式(3.1) IoU 比值来定义:

$$IoU = \frac{I}{U} \tag{3.1}$$

IoU 可以表示任意两块区域的接近程度。IoU 值介于 0~1 之间,且越接近 1 表示两块区域越接近。通过设定 IoU 的值,来判定预测是否正确。

3.1.4　非极大值抑制

非极大值抑制(Non Maximum Suppression, NMS),即抑制不是极大值的元素,在计算机视觉领域有着广泛的应用,如视频目标跟踪、目标检测、纹理分析等。以图 3.7 车辆检测为例,由于滑动窗口,同一辆车可能有好几个框,且每一个框都带有一个分类器得分。我们的目标是去除冗余的检测框,使一辆车只保留最优的一个,于是采用非极大值抑制方法,抑制的过程是一个迭代－遍历－消除的过程。步骤如下:

1. 将所有框的得分进行排序,选中得分最高的矩形框。

2. 判断得分最高的矩形框与其余框的交并比(IoU)是否大于某个设定的阈值,若超过阈值,则将框删除。

3. 从剩下的矩形框中继续选得分最高的,重复上述过程。

最后,就能使得每个目标都仅有一个框和区域对应。

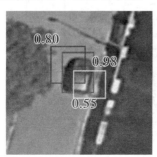

图 3.7　非极大值抑制的处理

3.2 区域建议生成网络

用传统的滑动窗口方法搜索目标时重复计算较多,速度比较慢,为了解决这一问题,Girshick 等于 2015 年提出了区域建议生成网络框架检测算法(Region Proposal Network,简称 RPN)[12]。区域建议生成网络是在提取的特征图上,对所有可能的参考框进行判别,由于后续还有位置精修,所以参考框比较稀疏。该算法没有重复,大大提高了运行速度。

区域建议网络是一种全卷积网络,结构如图 3.8 所示,在这个区域建议网络中,输入是第五层卷积层的特征图,参考框选用 $k = 9$ 种,如图 3.9(a)所示,即 3 种尺度($128 \times 128, 256 \times 256, 512 \times 512$),三种宽高比(1:1,1:2,2:1),这样共 9 种参考框。在每个像素的中心位置考虑这 9 种参考框,如图 3.9(b)所示。由于第五层卷积层是对原图进行下采样后的特征图,图像变小,这样每张图像大大减少了搜索计算的数量。

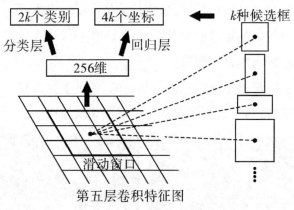

图 3.8 区域建议生成网络

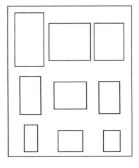
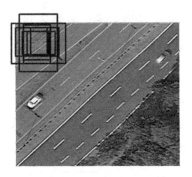

（a）平铺显示 9 种参考框　　　　（b）同一位置 9 种参考框

图 3.9　参考框尺度

区域建议网络包含两层,第一层是 3×3 卷积运算,256 维的输出通道;第二层是两个 1×1 的卷积,两个分支,对于 k 个候选框,一个分支的输出通道是 $4k$,即确定矩形框的四个值;另一个分支的输出通道是 $2k$,即目标和非目标两类的概率值。计算损失时,我们需要确定 k 个区域中的各个区域是不是有效的,是前景还是背景。有效的区域即前景才计算损失。

3.3　区域卷积神经网络目标检测的流程

区域卷积神经网络集成了卷积神经网络和区域建议生成网络。该模型用于目标检测,首先需要训练获取先验模型,然后再对测试影像进行目标检测。本书选用 ZFNet 网络模型为基本卷积神经网络模型对数据进行车辆检测实验。

3.3.1　训练流程

对于区域卷积神经网络的训练,采用的是迁移学习的方法对实验数据进行微调,首先需要获取 ZFNet 模型在 ImageNet 数据集上的参数作为初始训练模型参数,具体流程见图 3.10。

1. 训练 RPN 网络,由 ImageNet 上的第五层卷积层特征预训练 RPN 网络。

2. 训练卷积层(Conv1 – 5)网络,由 ImageNet 上的参数对卷积层(Conv1 – 5)参数进行预训练。

3. 调优 RPN 网络,由第 2 步训练的卷积层参数,固定卷积层(Conv1 - 5),微调(即再训练)剩余层。

4. 调优卷积层(Conv1 - 5)网络,固定卷积层(Conv1 - 5),微调剩余层,区域建议由第 3 步的 RPN 生成。

通过该模型进行正向传播和反向传播,计算出网络的所有参数,并最终获取分类器 Softmax 模型和矩形目标框回归模型。

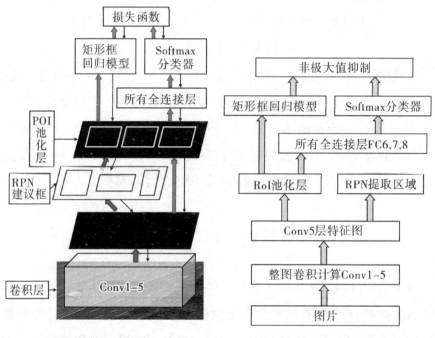

图 3.10　网络训练流程　　　　图 3.11　网络测试流程

3.3.2　测试流程

对于一幅测试影像,测试流程如图 3.11 所示。

1. 对整图 1 - 5 卷积层(Conv1 - 5)进行计算,提取第五卷积层(Conv5)特征图。

2. 对由 RPN 提取的目标区域进行感兴趣区域(RoI)池化。

3. 感兴趣区域(RoI)池化分两支进行,一支送入目标框回归模型,另外一支进行全连接层 FC6 - FC8,最后利用 Softmax 分类器进行分类。

4. 把第 3 步的结果进行非极大值抑制,即去除重复的检测框,达到每个物体有且只有一个检测框。

最终识别出目标并框出目标位置。

3.4　实验设备及框架

3.4.1　实验设备

实验设备的选用方面,由于深度卷积神经网络运算量较大,对计算机的硬件配置要求比较高。本书实验所用的计算机软硬件配置详见下表。本书算法的实现主要基于GPU。

表 3.1　计算机软硬件配置

项目	内容
中央处理器	Intel core i7 – 7700
内存	32G
GPU 显卡	GeForce GTX 1080 Ti
操作系统	Linux ubuntu 14.04 LTS
Cuda	Cuda 7.0 with cudnn
数据处理	Python2.7,matlab 等

3.4.2　实验框架——caffe/caffe2 框架

深度学习框架能够降低学习成本和门槛,框架通过将底层算法进行模块化封装提高代码编写的效率并降低了使用门槛,深度学习框架是深度学习领域的“操作系统”。深度学习框架以美国公司开发的框架为主,中国的框架处于发展初期。目前主流的深度学习框架详见表3.2。

表 3.2　深度学习框架

框架名称	发布方	推出时间	支持语言	使用情况
Theano	蒙特利尔大学	2008 年	C + + ,Python	停止开发
Caffe	伯克利大学	2013 年	C + + ,Python,matlab	停止开发
Caffe2	Facebook	2017 年	C + + ,Python,matlab	与 PyTorch 合并

框架名称	发布方	推出时间	支持语言	使用情况
TensorFlow	Google	2015 年	C＋＋,Python	市场占比高
PyTorch	Facebook	2017 年	C＋＋,Python,matlab	市场占比高
MXNet	亚马逊	2016 年	Python,Java,Matlab,C＋＋	市场占比低

本书选用的是 Caffe2 框架,caffe2 是 caffe 的升级版,是由伯克利加州大学分校的贾扬清博士于 2013 年在 GitHub 上发布的。Caffe 为计算机视觉领域的科学家和从业者提供了一个清晰且可修改的完全开源的深度学习算法框架。运行速度得到了工业界的认可,曾经占据深度学习领域的半壁江山,具备较为成熟的使用者社区。该框架是以 C＋＋库开发,支持 Python 和 Matlab 接口,具有高性能及简洁快速的特点。但由于设计上的缺陷,导致 caffe 缺乏灵活性、扩展难、依赖众多环境难以配置等。caffe2是作者贾扬清在加入 Facebook 后,于 2017 年 4 月提出的升级版本,沿袭了 caffe 大量的设计,改进了 caffe 使用和部署中的瓶颈问题,具有轻量型、便携性、扩展性和高性能的特点,几乎支持在所有平台上部署,如 Linux,Windows,iOS,Android 等。2018 年 Facebook 将 Caffe2 与 PyTorch 框架进行了合并,Caffe2 现已并入了 PyTorch 框架。

3.5　实验及结果分析

本章利用高分辨率卫星影像数据,研究基于区域卷积神经网络的车辆检测方法。随着经济水平的提升,汽车保有量也在日益增长,因此引发了各类问题,如交通安全、环境污染、交通堵塞等。通过智能交通建设减缓交通压力,也成为研究热点。因此道路交通状况的实时资料及车辆检测成为掌握交通状况的重要手段,掌握大范围、全路域的车辆数量及分布特征是优化智能交通及交通规划的基本要求。车辆检测方法比较多,但此类设备成本高,安装复杂,且不易移动,主要由于大中城市主干道的交通监控,不适合大范围车辆的数据调查。而利用航天或航空平台搭载传感器能获取较大范围时间序列的遥感影像数据,如高分辨率卫星影像、航空影像、无人机影像等,这些数据的空间信息更丰富,在更小空间尺度上具有对地表目标进行检测的能力,因此利用这些数据辅助车辆检测,用于交通管理和交通规划,可以极大弥补地面传统测量设备覆盖范围小、数据获取受限等不足。遥感影像自动车辆检测在鲁棒性和可靠性方面面临很多挑战,主要由于车辆外观的多样化、光照的影响,另外在遥感影像中目标较小、背景比自然场景更复杂增加了检测的困难。

3.5.1　基于区域卷积神经网络的车辆检测实验

1.数据集制作

车辆目标的数据是从遥感影像上裁剪获得的,如图 3.12,大小约为 500 × 500 像素,空间分辨率为 0.27 米。对这些车辆进行矩形标注,即记录矩形框左上角和右下角的坐标,矩形框内是车辆,框外的是背景。从这些数据中随机选取一部分用来制作训练集,一部分用来进行测试,其中训练集有 87 幅影像,包含有 242 辆车辆,测试数据有 64 幅影像,包含 359 辆车辆的数据。

图 3.12　车辆数据集

2.参数设置

根据 3.3.1 训练流程的四个阶段,训练的迭代次数第一阶段为 40000,第二阶段为 20000,第三阶段为 40000,第四阶段为 20000;动量为 0.9;学习率采用式 3.2 计算得到,初始学习率 base_lr = 0.001,gamma = 0.1,step = 3000,iter 为迭代次数,采用这种学习率可以使学习率随着迭代次数的增加而降低;小批量处理大小为2;置信度设置为0.8,即预测框预测的目标概率大于0.8则认为是目标,反之则是背景;交并比阈值设置为0.3,即与当前最高得分框的交并比(IoU)大于这个阈值,就将框删除。

$$学习率 = base\_lr \times gamma^{[iter/step]} \tag{3.2}$$

3.5.2　基于传统的方向梯度直方图的车辆检测实验

1. 数据集制作

数据来源仍然是3.5.1中所获取的大小约为 500×500 像素,空间分辨率为0.27米的遥感影像,数据集的制作不是直接标注,而是裁剪出车辆目标和非车辆目标,如图3.13和3.14所示。最后将车辆和非车辆数据归一化为统一的 48×48 尺寸。

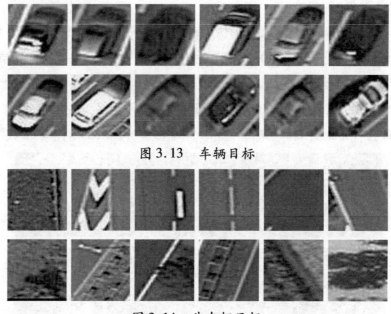

图 3.13　车辆目标

图 3.14　非车辆目标

2. 实验流程

实验流程见图3.15:

(1)利用方向梯度直方图提取车辆和非车辆特征,即HOG特征;

(2)训练SVM分类器,获取最终的训练模型;

(3)输入预测影像,利用训练好的模型,采用滑动窗口法进行滑动检索目标,滑动窗口大小设置为 48×48 和 32×32 两类,窗口滑动的过程中重叠率为 70%。

（4）上一步检测到的窗口有很多重复，采用非极大值抑制使每个目标只保留一个预测窗口。

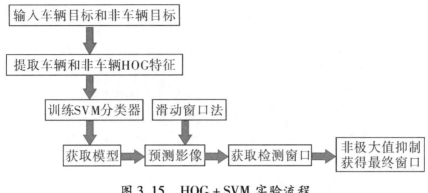

图 3.15   HOG + SVM 实验流程

3.5.3   实验结果

对 64 张测试影像进行测试，分别统计了区域卷积神经网络和 HOG + SVM 两种方法的正确识别个数、漏掉个数、错误识别个数、单片平均的测试时间；由正确识别个数和车辆总数计算出正确率。如表 3.3 所示。测试结果统计表表明，在正确率方面，区域卷积神经网络算法的正确率明显高于 HOG + SVM 算法；在错误识别上，区域卷积神经网络检测错误的数量很少，而 HOG + SVM 算法检测错误的数量比较多；在检测的时间上，同样的一张图像，区域卷积神经网络只需要 0.05 秒，而 HOG + SVM 却需要 40 秒，速度的提升是明显的。

表 3.3   测试结果统计

对比算法	车辆个数	正确率	错误识别数	单片平均测试时间
区域卷积神经网络	359	88%	1	0.05s
HOG + SVM	359	70%	30	40s

图 3.16 展示了测试图中的三幅,选择有代表性的三个区域:高速公路、背景复杂的城市道路和停车区域,左列为区域卷积神经网络检测结果,右列为 HOG + SVM 检测结果,从图中可以看出区域卷积神经网络检测的正确率明显较高,而且检测框的范围更精确。

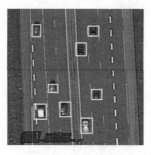 

区域卷积神经网络　　　　　　　HOG + SVM

（a）　高速公路区域

区域卷积神经网络　　　　　　　HOG + SVM

（b）　背景复杂的城市道路区域

区域卷积神经网络　　　　　　　HOG + SVM

（c)停车区域

图 3.16　检测结果对比

通过实验,可知在特征提取方面,区域卷积神经网络每层均能自动提取大量特征,而 HOG 只能提取出梯度的几个方向的统计特征;表 3.3 和图 3.16 表明区域卷积神经网络无论在检测的准确率上还是时间方面都优于传统的 HOG + SVM 算法。

3.6　本章小结

本章提出基于区域卷积神经网络的遥感影像车辆目标检测,介绍了区域卷积神经网络的基本原理及检测的流程。通过对遥感影像车辆目标进行检测实验,与传统的基于方向梯度直方图(HOG)的车辆检测算法进行比较,结果表明该算法检测的准确率和时间方面都明显优于传统的算法,具有较强的鲁棒性和可靠性。

第4章 基于全卷积神经网络进行遥感影像语义分割

早期深度卷积神经网络主要应用于图像的目标分类或目标检测,最终得到的是目标类别可信度的一维向量;而语义分割需要识别影像中每个像素的类别,要求获取表征目标类别特征的二维空间向量。本章介绍全卷积神经网络FCN用于图像语义分割的基本原理及模型的构建,研究将该模型用于遥感影像语义分割实验。

4.1 全卷积的架构

4.1.1 卷积化

用于目标分类和检测的 CNN 网络在卷积层之后会接全连接层,将卷积层产生的特征图映射成一个固定长度的特征向量。这些经典的 CNN 结构适合于图像的目标分类,因为最后得到的是对于整个输入图像的一个数值描述,如 AlexNet 模型,输入图片的大小是 224×224,经过卷积层之后,第五卷积层下采样了 32 倍,图像大小变为 7×7,FC6 全连接层用 7×7 的卷积核计算后,就会得到一个一维的数,再经过 FC7,FC8,最终输出一个 1×1000 的一维向量,这个向量表示输入的 1000 类图像属于每一类的概率。图 4.1 的上半部分,汽车这一类的响应值最高,所以输入图像为汽车这一类,传统的 CNN 网络全连接层之后的后半段即 FC6、FC7 及 FC8 无空间信息。

　　Long 等发表在顶级计算机视觉会议 CVPR2015 上的论文提出了全卷积网络(Fully Convolutional Networks,FCN),将传统的 CNN 的所有全连接层转换为卷积层。如图 4.1 上半部分全连接层 FC6、FC7、FC8 为一维向量值,通过 1×1 卷积化得到图 4.1 下半部分所示,则 FC6、FC7、FC8 尺寸为(通道数,宽,高),即 FC6 为(4096,1,1),表示通道数为 4096,图像大小为 1×1、FC7 为(4096,1,1),表示通道数为 4096,图像大小为 1×1、FC8 为(类别数,1,1),表示目标类别的数目及图像大小为 1×1。对于 FCN 模型可以接受任意尺寸的输入图像,而不仅仅是目标分类模型中的 224×224 大小的图像,整个模型中,一共有五个卷积层,每层下采样 2 倍,分辨率总共降低 32 倍,最后输出的是低分辨率的图像。

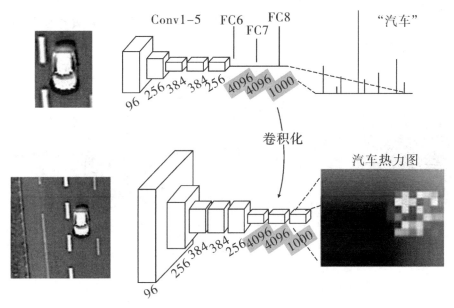

图 4.1　卷积神经网络构建全卷积神经网络示意图

4.1.2　反卷积

　　反卷积(Deconvolution)也叫转置卷积[28],反卷积通常要求与正常卷积相反的变换,即从某种卷积的输出形状的事物到某种输入形状的事物,如采用反卷积层对输出的特征图进行上采样,使它恢复到与输入图像相同的尺寸和分辨率,这样,对每个像素都可以产生一个预测,并保留了原始输入图像中的空间信息,最终实现像素级的分类,有效地解决了语义级别的图像分割问题。如图4.2,通过反卷积操作,使经过下采样32倍的特征图又恢复到与原图同样大小的尺寸。

反卷积计算有几种方式,第一,按照卷积计算过程进行逆向计算,如图4.3,A为离散数据或者为图像的像素值,B为卷积核,以步长为1进行卷积计算,可以将卷积核改写成4×16的矩阵C,将A改为16×1的矩阵X,那么卷积计算可以按照公式(4.3)进行,得到一个4×1的输出特征矩阵Y,把它重新排列为2×2的输出特征矩阵,就可以得到最终的结果。对于反卷积,按公式(4.4)进行计算,把矩阵C变为它的转置矩阵C^T,再与Y相乘,得到16×1的矩阵X,把它重新排列为4×4。进行反卷积计算或转置卷积计算,得到的结果和输入不一样,但矩阵的形状是一样的,说明了卷积和转置卷积并不是完全对称的两个过程。

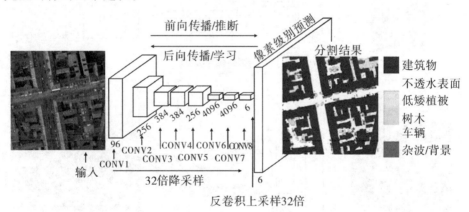

图4.2　上采样示意图

图4.3　卷积计算具体示例

$$C = \begin{bmatrix} w_{11} & w_{12} & w_{13} & 0 & w_{21} & w_{22} & w_{23} & 0 & w_{31} & w_{32} & w_{33} & 0 & 0 & 0 & 0 & 0 \\ 0 & w_{11} & w_{12} & w_{13} & 0 & w_{21} & w_{22} & w_{23} & 0 & w_{31} & w_{32} & w_{33} & 0 & 0 & 0 & 0 \\ 0 & 0 & 0 & 0 & w_{11} & w_{12} & w_{13} & 0 & w_{21} & w_{22} & w_{23} & 0 & w_{31} & w_{32} & w_{33} & 0 \\ 0 & 0 & 0 & 0 & 0 & w_{11} & w_{12} & w_{13} & 0 & w_{21} & w_{22} & w_{23} & 0 & w_{31} & w_{32} & w_{33} \end{bmatrix}$$

$$(4.1)$$

$$X = \begin{bmatrix} a_{11} & a_{12} & a_{13} & a_{14} & a_{21} & a_{22} & a_{23} & a_{24} & a_{31} & a_{32} & a_{33} & a_{34} & a_{41} & a_{42} & a_{43} & a_{44} \end{bmatrix}^T$$

$$(4.2)$$

$$Y = CX \qquad (4.3)$$

$$X = C^T Y \qquad (4.4)$$

　　第二种计算方式采用直接卷积来实现转置卷积,它通常需要向输入图像的行列填充零。如图 4.4(a)输入为 2×2 的矩阵,卷积核尺寸为 3×3,步长为 1,边界填充为 2,通过卷积直接计算输出为 4×4 的矩阵。图 4.4(b)在输入单元之间进行插零操作,输入为 3×3 的矩阵,卷积核尺寸为 3×3,步长为 2,边界填充为 1,输出为 5×5 的矩阵。

　　　(a)边界直接填充零　　　　　　　(b)插零操作

图 4.4　反卷积计算示意图

4.1.3　跳层结构

　　对于 VGG – 16 网络模型,由于进行全卷积网络卷积化后,原图的分辨率降低 32 倍,直接使用 32 倍反卷积得到与原始图像等大小的特征图时信息损失比较大,分割结果比较粗糙,只能表示出对象的大致形状。为了解决这个问题,Long 等人在文献[13]中提出跳层结构,来精细化所分割提取的图像,通过使用前两个卷积层的输出的特征做融合,这样将局部特征和全局特征合并,将上下文信息添加到完全卷积的体系结构中进行分割的特征融合。这样较浅的网络结果精细,较深的网络结果鲁棒。

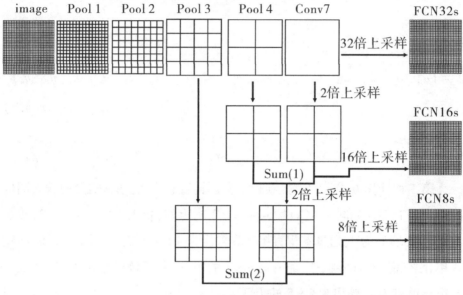

图 4.5　跳层结构图

　　三种模型的构建按照图 4.5 所示。第一种模型是 FCN32s,是在第 7 卷积层(Conv7)后直接采用上采样 32 倍的结果;第二种模型是 FCN16s,是在第 4 池化层(Pool 4)后增加一个 1×1 的卷积层,同时把第 7 层上采样 2 倍,再将二者融合。融合方法即直接进行矩阵对应位置的相加,然后对融合的结果 Sum(1)进行 16 倍的上采样,获得 FCN16 模型;第三种模型是 FCN8s,是在第 3 池化层(Pool 3)后增加一个 1×1 的卷积层,同时对 Sum(1)进行 2 倍上采样,二者再进行融合得到 Sum(2),对 Sum(2)再进行 8 倍上采样获得 FCN8s 模型。

4.2　实验及结果分析

　　实验选用 VGG－16 作为基本网络模型来构建 FCN,网络的最后两层全连接层改为全卷积层。分别对三类影像进行实验,第一种是对单目标水体进行语义分割,第二种是对单目标农村建筑物进行语义分割,第三种是对多目标的城市区域进行语义分割。

实验使用 VGG–16 作为初始网络,采用了在 ImageNet 数据集上预先训练好的 VGG–16 模型的参数微调进行迁移学习。

4.2.1　水体目标语义分割

1. 实验数据

关于数据的选择,现有开放街道地图、google 影像、百度地图以及一些研究机构的开放的遥感数据和地理信息数据,可以为计算机视觉和机器学习提供高质量的地面真实数据。例如,开放地图中地面标注数据是由开放街道地图中提供的栅格化矢量地图生成的,但这个转换过程也决定了预测质量的好坏。

在机器学习任务中,数据被分为三部分,训练集、验证集和测试集,训练集是用来训练一个模型;验证集是用来确保得到最好的模型,在训练期间通过验证集来调整模型参数,定期地通过验证集来评估模型;测试集是进行测试,最终评估模型。例如观测训练集的准确性和验证集的准确性趋势,可以显示模型拟合到训练集上的情况,然后对超参数进行调整。

水体实验数据来源于卫星遥感影像,选取陕西省内的渭河、灞河和浐河几条河的水体信息,分辨率大小约为 4.76 米,采用的是 RGB 影像。对于地面水体区域进行标注,采用的是手工的标注方法,最后转换为稀疏的标签值,用 0 表示背景,1 表示水体目标,即只有两类。图 4.6 展示了水体数据部分 RGB 影像及对应的标注数据。

实验数据是 187 幅具有水体目标的影像,大小约为 500×500 像素,对于这么小的数据量,在机器学习中容易过拟合,对于水体数据,可以随意翻转进行数据扩充,本书进行 90 度、180 度、270 度旋转,总共获取 748 幅影像。同时将 748 幅影像数据和标注数据随机分配 90% 作为训练集,10% 作为验证集;另外该区域影像的 RGB 三通道的像素均值为 $[98.885, 105.0665, 98.544]$,在进行训练前要对原始影像 RGB 三通道的像素值减去均值。

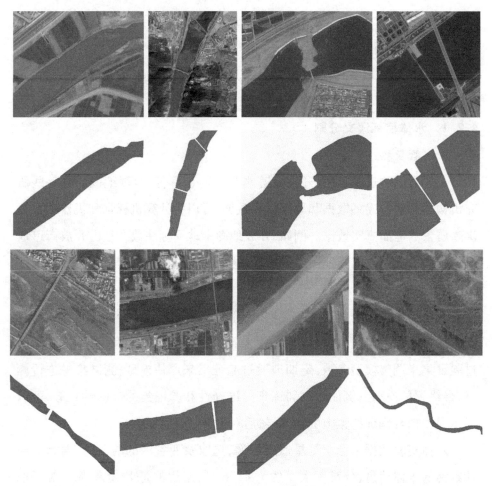

图 4.6 水体 RGB 影像及对应的标注参考图

2. 参数设置

引入 VGG－16 模型在 ImageNet 数据集上参赛的参数权重进行微调;训练过程中,随机梯度下降的动量是 0.90,批处理为 2。先对 FCN32s 模型进行训练,学习率为 1×10^{-10},迭代 20000 次,得到 FCN32s 训练模型;再对 FCN32s 训练模型进行参数微调,训练 FCN16s 模型,学习率调小为 1×10^{-12},迭代 20000 次,获取 FCN16s 训练模型,再对 FCN16s 训练模型的参数进行微调,学习率调小为 1×10^{-14},训练 FCN8s 模型,迭代次数为 20000 次,获取 FCN8s 训练模型。

3. 实验结果

训练过程中,在 10% 的验证集中,FCN32s、FCN16s、FCN8s 模型的 MIoU 精度随迭代次数变化的曲线图如图 4.7 所示。从图中可以看出 FCN8s 模型在验证集中的 MIoU 精度优于 FCN16s 模型和 FCN32s 模型,明显优于没有跳层的 FCN32s 模型的结果,而且随着迭代次数的增加,FCN8s 模型的 MIoU 的精度趋于稳定。

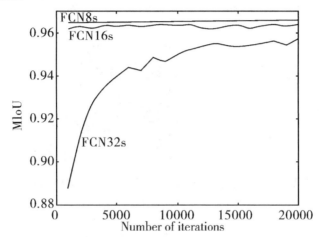

图 4.7　验证集在 FCN32s、FCN16s、FCN8s 模型中 MIoU 精度随迭代次数变化曲线图

测试影像选取的是西安世博园附近的影像图,影像像素大小为 1280 × 1536。该区域水体分布较多,而且形状很不规则,有较大的也有较小的区域,有零散的也有成片的区域。图 4.8(a)展示了 RGB 影像图,图 4.8(b)展示了标注的水体的参考图,图 4.8(c)和图 4.8(d)分别展示了 FCN32s 模型预测的分割结果和其与 RGB 原始影像图叠加的显示结果;图 4.8(e)和图 4.8(f)分别展示了 FCN16s 模型预测的分割结果和其与 RGB 原始影像图叠加的显示结果;图 4.8(g)和图 4.8(h)分别展示了 FCN8s 模型预测的分割结果和其与 RGB 原始影像图叠加的显示结果。从三种模型的分割结果对比看,FCN8s 模型的结果明显比 FCN32s 模型的精细;与标注参考图比较,FCN8s 模型的结果准确度更高。

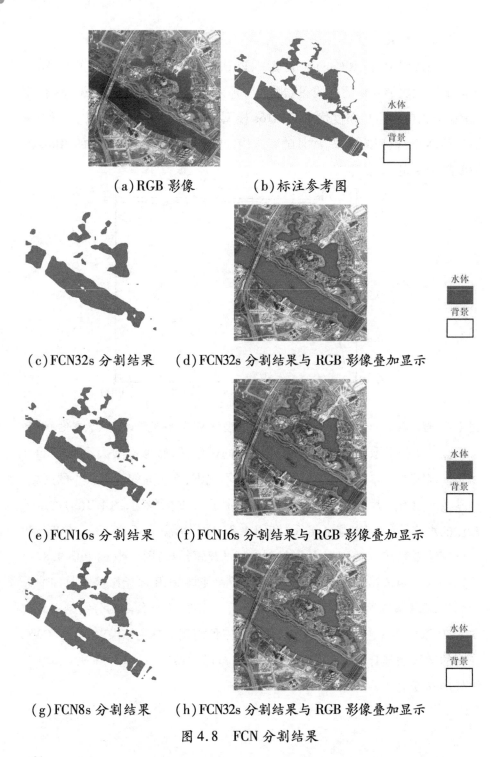

(a) RGB 影像　　　　(b) 标注参考图

(c) FCN32s 分割结果　　(d) FCN32s 分割结果与 RGB 影像叠加显示

(e) FCN16s 分割结果　　(f) FCN16s 分割结果与 RGB 影像叠加显示

(g) FCN8s 分割结果　　(h) FCN32s 分割结果与 RGB 影像叠加显示

图 4.8　FCN 分割结果

表4.1展示了测试影像的四个精度评价指标:像素精度(PA)、平均像素精度(MPA)、平均交并比(MIoU)和频权交并比(FWIoU)的精度值,FCN8s模型的精度要高于FCN16s模型和FCN32s模型。

表4.1　测试影像的分割精度

模型	精度			
	PA	MPA	MIoU	FWIoU
FCN32s	0.949	0.899	0.863	0.903
FCN16s	0.961	0.921	0.893	0.924
FCN8s	0.964	0.926	0.900	0.929

4. 对比实验

对于水体目标,目标信息比较单一,纹理简单,光谱信息变化小;本章用最简单的阈值法和另外一种图像分割算法GrabCut进行对比实验;阈值法的阈值是通过随机在水体区域中选取分布均匀的15个点,确定出阈值的范围进行水体提取;GrabCut是通过人机交互界面,通过粗略地画出前景和背景线来自动构建高斯混合模型来进行水体提取。几种方法提取的结果如图4.9所示。

(a) 阈值法　　　　　　　　　　(b) GrabCut

图4.9　对比实验结果

图4.9(a)为阈值法提取结果,虽然能提取出水体,速度比较快,方法简单,但是噪声比较大,边缘也不是特别明显,需要进行后处理,而且重要的一点是不能进行识别;另外,不同的影像的阈值是不固定的,每幅影像要重新选

择阈值,通用性差。图 4.9(b) 为 GrabCut 提取结果,GrabCut 对于背景简单的影像的提取效果要比背景复杂的好一些,但是在提取的时候要通过人机交互选取前景和背景,工作量大,泛化能力较差,精度也不是很高,漏掉的比较多,对于水体提取,该方法还需要改进。与图 4.8(g)FCN8s 的分割提取结果比较,FCN8s 提取的边界更清晰,提取得更精细一些,自动化程度高,效果较好。

5. 结论

对于水体区域的实验,利用深度卷积神经网络的全卷积神经网络提取水体,FCN8s 模型分割提取的结果较 FCN32s 模型和 FCN16s 模型的精度更高,更精细,效果更好。与传统的阈值法和 GrabCut 比较,虽然水体目标的光谱和纹理特征比较简单,利用阈值法和 GrabCut 提取速度较快,但也有很多的不足,FCN8s 分割提取的边界更清晰,提取得更精细,自动化程度高,效果较好。

4.2.2　农村建筑物目标语义分割

1. 数据集

农村建筑物数据来源于卫星遥感 RGB 影像,其像素分辨率为 0.12 米。实验区域选用我国河南、山东境内农村区域的卫星影像图,由于计算机的计算能力的限制,最终制作了 1000 幅大小为 512×512 像素的影像数据;对建筑物区域采用手工标注的方法,并将得到的数据制作成稀疏标签数据,即 0 表示背景,1 表示农村建筑物。RGB 数据和标注数据如图 4.10。

同样,对数据量进行扩充,进行了 90 度、180 度、270 度旋转及左右镜像变换,使样本增加到 5000 幅;随机选取其中的 90% 作为训练集,10% 作为验证集;另外选了 50 幅进行最终的语义分割预测;另外该区域影像的 RGB 三通道的像素均值为 $[79.371, 78.516, 80.033]$,训练前要对这些原始数据的 RGB 三通道像素值进行减均值操作。

2. 参数设置

仍然引入 VGG-16 在 ImageNet 数据集上参赛的参数权重进行微调,训练过程中,参数设置方面,随机梯度下降的动量是 0.9,批处理为 2。先对 FCN32s 模型进行训练,学习率为 $1×10^{-10}$,迭代 20000 次,得到 FCN32s 训练模型,再对 FCN32s 训练模型进行参数微调,训练 FCN16s 模型,学习率调小

为 1×10^{-11}，迭代 20000 次，获取 FCN16s 训练模型，再对 FCN16s 训练模型参数初始化进行微调，学习率调小为 1×10^{-12}，训练 FCN8s 模型，迭代次数为 20000 次，获得 FCN8s 训练模型。

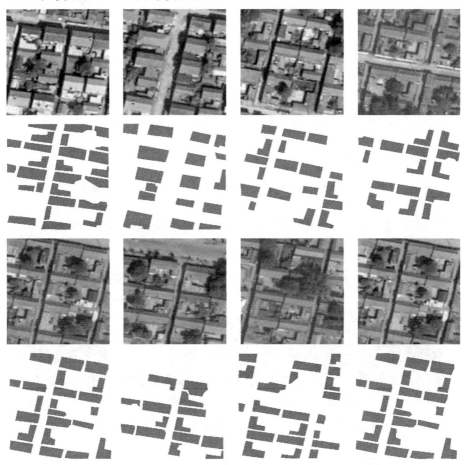

图 4.10　农村建筑物 RGB 影像和对应的标注参考图

3. 实验结果

训练过程中，在 10% 的验证集中，FCN32s、FCN16s、FCN8s 模型的 MIoU 精度随迭代次数变化的曲线图如图 4.11 所示。FCN8s 模型在验证集中的 MIoU 的精度值明显高于 FCN32s 模型，且随迭代次数的增加趋于稳定。

图 4.12 展示了其中一幅测试影像的语义分割结果，影像大小为 512 × 512 像素，在分割结果中，FCN32s 比较粗略，描述了建筑的大概位置，棱角比

较模糊;FCN8s 与 FCN32s 相比,棱角清楚一点,更精细一些;而 FCN16s 介于二者之间。

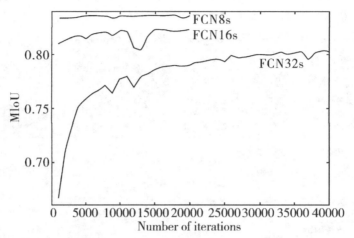

图 4.11　验证集在 FCN32s、FCN16s、FCN8s 模型中 MIoU 精度随
　　　　迭代次数变化曲线图

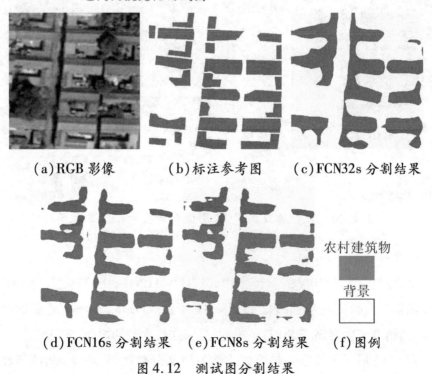

(a)RGB 影像　　　(b)标注参考图　　(c)FCN32s 分割结果

(d)FCN16s 分割结果　(e)FCN8s 分割结果　　(f)图例

图 4.12　测试图分割结果

表4.2展示了这幅测试影像语义分割的四个精度评价指标:像素精度(PA)、平均像素精度(MPA)、平均交并比(MIoU)和频权交并比(FWIoU)的精度值,FCN8s的分割精度要高于FCN16s和FCN32s,明显高于没有跳层的FCN32s。

表4.2　测试图精度

模型	精度			
	PA	MPA	MIoU	FWIoU
FCN32s	0.859	0.843	0.737	0.754
FCN16s	0.888	0.867	0.781	0.797
FCN8s	0.897	0.880	0.798	0.812

4. eCognition 软件面向对象目标的分类对比实验

为了分析全卷积神经网络FCN与传统算法的优劣,本节选用全球第一个基于面向对象的影像分析软件eCognition,利用影像的光谱、形状等特征对影像进行多尺度分割。面向对象的分类的基本流程如下:

(1)影像分割,目的是将图像分解为基本对象。首先在软件中读取待分割影像,选择分割算法为:多尺度分割(multiresolution segmentation),经过多次尝试,选择的分割尺度因子为100,形状因子为0.4,紧致度因子为0.5;执行分割操作后就会把影像分解为许多基本对象,分割效果如图4.13(a)所示。

(2)选取特征,本文的实验主要是提取农村建筑物,剩余为背景。首先,根据分割的结果,将建筑物中具有代表性的样本选出来,作为监督分类的训练样本,如图4.13(b);然后,配置最邻近的特征,选择的分类特征指标包括亮度均值、三个波段的均值和最大化差异度量还有其他形状指数。

(3)分类,将分类特征指标应用到房屋和背景两个类别,应用分类规则进行分类,执行后就会出现分类结果。分类后的结果如图4.13(c)所示。

将农村建筑物的全卷积神经网络FCN语义分割与传统的eCognition软件面向对象的分类进行比较,第一,从分割思路上,FCN一开始就是一种监督学习,通过反复迭代自动学习,获取目标的特征,然后在测试图上进行预测,获取测试图的语义分割结果。而面向对象的分类,第一步的影像分割是无监督的,只是根据影像的光谱、形状、纹理等特征,通过调整参数进行分割,这一步分割的好坏直接影响到之后分类的结果,如图 4.13(a)中,很多房屋由于光照影响,把阳面和背面分割成两个不同的区域,而且分割的结果很不规则,在这样的基础上选取特征进行监督分类,可以预见结果并不是很好。第二,FCN 的泛化能力较强,训练好模型后,可以对这一类区域进行预测;而面向对象的分类是针对某幅影像的分类规则,其并不一定适用于其他影像,对每幅影像进行规则的调整比较耗时。

(a)影像分割　　　　(b)创建训练样本　　　　(c)分类结果

图 4.13　面向对象的分类的操作步骤图

图 4.14 展示了测试影像 FCN8s 预测的语义分割结果和面向对象的分类结果;其中图 4.14(a)和图 4.14(b)为 FCN8s 分割结果及其与标注参考图叠加显示的结果;图 4.14(c)和图 4.14(d)为 eCognition 软件面向对象的分类结果及其与标注参考图叠加显示的结果。叠加显示图中,浅灰表示正确分割的区域,深灰色表示错误分割的区域,黑色表示本该是正确目标区域但漏掉的区域。从对比图中可以看出,FCN8s 语义分割的效果明显好一些,而 eCognition 软件面向对象的分类结果错分和漏分的比较多,分割结果并不规整,而且将很多房屋屋顶的阳面和背面分割为两部分。

表 4.3 展示了测试图用 FCN8s 模型和 eCognition 软件面向对象分类结果的四个精度评价指标的值,可以看出 FCN8s 模型的分割精度远远高于 eCognition 软件所获得的结果。

表 4.3　FCN8s 与 eCognition **软件结果精度比较**

模型	精度			
	PA	MPA	MIoU	FWIoU
FCN8s	0.897	0.880	0.798	0.812
eCognition	0.668	0.677	0.496	0.510

（a）FCN8s 分割结果　　　（b）FCN8s 分割结果与标注参考图叠加

c）eCognition 分类结果　　　（d）eCognition 分类结果与标注参考图叠加

图 4.14　FCN8s 与 eCognition 软件分割结果对比

5. 结论

　　对于农村建筑物区域的实验,该区域地面分辨率为 0.12 米,分割目标只有农村建筑物和背景,农村建筑物结构比较复杂,大小不一。从分割的结果看,无论验证集随迭代次数的平均交并比(MIoU)的精度值变化情况,还是测试影像预测的分割结果图和分割精度,FCN8s 模型的分割精度都要优于FCN32s 模型和 FCN16s 模型,FCN8s 模型分割得更精细一些。与 eCognition软件面向对象分类比较,FCN8s 模型分割的精度和效果远远高于 eCognition软件面向对象分类的结果。

4.2.3　城市目标语义分割

1. 数据介绍

该部分数据集选用的是国际摄影测量与遥感学会工作组 II4(ISPRS WG II/4)语义标记竞赛中波茨坦(Potsdam)的数据,选用 24 张 6000 × 6000 像素大小的 RGB 正射影像图和对应的没有边界的标注参考图,影像地面分辨率为 0.09 米。图 4.15 展示了其中的六幅 RGB 影像和对应的彩色标注数据。波茨坦是一个典型的历史悠久的城市,有大量的建筑区域,街道狭窄且排列不规整,居民区比较密集,而且建筑物形状差异较大,屋顶颜色也不是单一的。城市中有高大树木也有低矮的灌木丛;道路两旁停放着大量的车辆。

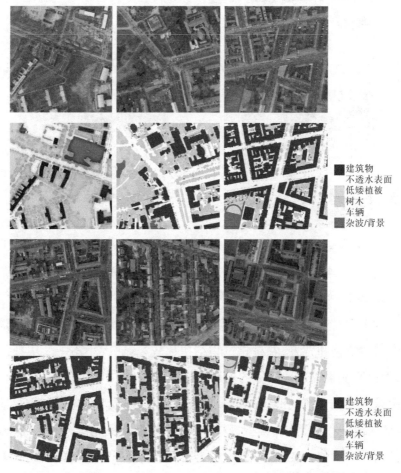

图 4.15　城市目标区域 RGB 影像和对应的标注参考图

　　对于该复杂区域,将目标分为六类,并最终将 RGB 的标注图转换为用不同数字表示的标注图,具体如下:

　　(1)不透水表面,(RGB:255,255,255),标注数字用 1 表示。

　　(2)建筑物,(RGB:0,0,255),标注数字用 2 表示。

　　(3)草地,(RGB:0,255,255),标注数字用 3 表示。

　　(4)高大树木、灌木,(RGB:0,255,0),标注数字用 4 表示。

　　(5)车辆,(RGB:255,255,0),标注数字用 5 表示。

　　(6)杂波/背景,(RGB:255,0,0),标注数字用 0 表示。这个主要包括一些水体、操场及正在修建的建筑物等目标。

　　原始具有标注的图像共有 24 幅,取两幅用于最后的测试,剩下的 22 幅用来制作训练集和验证集。由于原始图像比较大,为了减小运算时所占用的内存和提高运算速度,将原始影像裁剪成 428×428 大小的影像,共 4312 幅,同时,为了扩充数据量,再对影像进行 90 度、180 度、270 度旋转及左右镜像变换,使训练样本增加到 21560 幅;同时随机选取其中的 90% 作为训练集,10% 作为验证集;另外该区域影像的 RGB 三通道的像素均值为[85.523,91.354,84.613],训练前要对原始影像 RGB 三通道的像素值进行减均值操作。

　　2. 参数设置

　　引入 VGG-16 在 ImageNet 数据集上参赛的参数权重进行微调。训练过程中,参数设置方面,随机梯度下降的动量是 0.9,批处理为 2。先对 FCN32s 模型进行训练,学习率为 $1×10^{-10}$,迭代 50000 次,得到 FCN32s 训练模型;再对 FCN32s 训练模型进行参数微调,训练 FCN16s 模型,学习率调小为 $1×10^{-11}$,迭代 40000 次,获取 FCN16s 训练模型,再对 FCN16s 训练模型进行参数进行微调,学习率调小为 $1×10^{-12}$,训练 FCN8s 模型,迭代次数为 20000 次,获取 FCN8s 训练模型。

　　3. 实验结果

　　训练过程中,在 10% 的验证集中,FCN32s、FCN16s、FCN8s 模型的 MIoU 精度随迭代次数变化的曲线图如图 4.16 所示。FCN8s 模型的 MIoU 的精度明显优于 FCN32s 模型,较 FCN16s 模型也有所提高,而且 FCN8s 模型的精度曲线趋于稳定。

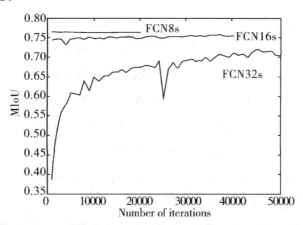

图 4.16 验证集在 FCN32s、FCN16s、FCN8s 模型上 MIoU 精度随迭代次数变化曲线图

图 4.17 和图 4.18 展示了其中两幅测试影像的语义分割结果，测试影像的大小为 1500×1500 像素。FCN8s 模型较 FCN32s 模型和 FCN16s 模型，分割的建筑物的棱角更明显，小的目标更精准，如车辆信息。总之，FCN8s 模型较没有跳层的 FCN32s 模型分割得更精细一些，准确度更高。

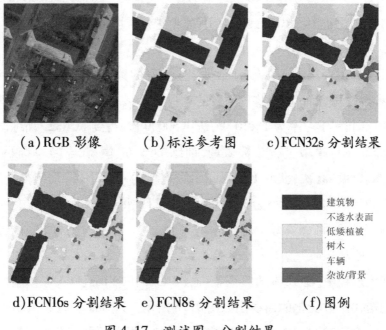

(a)RGB 影像　　　(b)标注参考图　　　c)FCN32s 分割结果

d)FCN16s 分割结果　　e)FCN8s 分割结果　　(f) 图例

建筑物
不透水表面
低矮植被
树木
车辆
杂波/背景

图 4.17　测试图一分割结果

  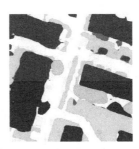

（a）RGB 影像 　　　（b）标注参考图 　　　（c）FCN32s 分割结果

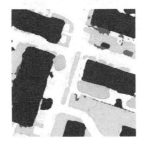  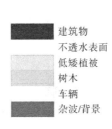

建筑物
不透水表面
低矮植被
树木
车辆
杂波/背景

（d）FCN16s 分割结果 　（e）FCN8s 分割结果 　　　（f）图例

图 4.18　测试图二分割结果

　　表 4.4 展示了这两幅测试影像语义分割的四个度量精度,从该表可以看出这两幅测试影像在 FCN8s 模型上的分割精度高于 FCN16s 模型和 FCN32s 模型,尤其较 FCN32s 模型提升比较明显。表 4.5 展示了两幅测试影像中六类地物目标语义分割的 MIoU 精度值。可以得出对于每类目标,FCN8s 模型上的分割精度要高于 FCN16s 模型和 FCN32s 模型,较 FCN32s 模型提升比较明显;但对于个别类别,比如杂波/背景,整体的精度很低,这主要由于在训练时,这一类别主要包括的是水体、操场、正在修建的建筑物等许多其他目标,这些目标有些接近其他的五类目标,机器很难找到统一的规律,整体精度很低;但对于车辆这类小型目标和建筑物等大型的有规则的目标,语义分割的精度是比较高的。

表 4.4　对应的两幅测试图的语义分割的整体精度

测试图	模型	精度			
		PA	MPA	MIoU	FWIoU
测试 图一	FCN32s	0.859	0.755	0.629	0.768
	FCN16s	0.893	0.822	0.693	0.822
	FCN8s	0.903	0.832	0.709	0.827

续表

测试图	模型	精度			
		PA	MPA	MIoU	FWIoU
测试图二	FCN32s	0.838	0.757	0.60	0.725
	FCN16s	0.860	0.770	0.658	0.763
	FCN8s	0.865	0.785	0.670	0.772

表4.5 对应的两幅测试图的语义分割各类别的 MIoU 精度

测试图	模型	不同地物 MIoU 精度					
		杂波/背景	不透水表面	建筑物	低矮植被	树木	车辆
测试图一	FCN32s	0.020	0.741	0.909	0.723	0.735	0.644
	FCN16s	0.064	0.780	0.933	0.793	0.799	0.788
	FCN8s	0.076	0.789	0.935	0.798	0.805	0.806
测试图二	FCN32s	0.084	0.646	0.855	0.687	0.679	0.645
	FCN16s	0.101	0.695	0.893	0.706	0.749	0.802
	FCN8s	0.116	0.704	0.896	0.722	0.750	0.843

4.3 本章小结

本章重点介绍了全卷积神经网络的基本原理及以跳层结构构建的三种模型,采用三种模型在遥感影像上进行实验验证。实验数据有三种,分别是水体目标,农村建筑物目标和城市多目标的遥感影像数据;在三种实验中都是基于 VGG - 16 进行微调,先训练 FCN32s,再训练 FCN16s,然后训练 FCN8s,获得对应的模型;在微调的过程中,学习率的设置很重要,要根据在训练中损失函数的值来调整。最后展示了训练过程中验证集随着迭代次数的变化而产生的精度变化情况,很显然,精度随着迭代次数增加振荡上行,且 FCN8s 模型优于 FCN16s 模型,FCN16s 模型优于 FCN32s 模型。同时展示了对应的测试影像的语义分割结果,并列出了分割的精度。从分割的影像结果看,FCN8s 模型的分割结果更精细一些,而没有跳层的 FCN32s 模型的分割结果粗糙一些。分割的精度上,FCN8s 模型也是获得了三者中较高的分割精度。

另外,对于水体数据,利用简单的阈值法和 GrabCut 方法进行水体提取对比实验,可知用全卷积神经网络方法分割的整体效果明显优于其他两种方法;对于农村建筑物目标的语义分割,采用目前较常用的 eCognition 软件的面向对象的分类方法进行比较,全卷积神经网络方法较面向对象的分类方法效果更好,自学能力强,分割的整体比较规整,对房屋的阳面和阴面能分割为一个整体,而不像面向对象的分类方法将房屋的阳面和阴面分为两个部分。总之,用深度卷积神经网络方法进行语义分割具有较强的特征学习能力,语义分割效果较好,分割精度较高。

虽然 FCN8s 模型的分割结果较没有跳层的 FCN32s 模型的分割结果效果好,但是由于上采样的结果还是比较模糊和平滑,因此对图像中的细节不够敏感,没有充分考虑像素与像素之间的关系,缺乏空间一致性。

第5章 引入条件随机场的卷积神经网络模型进行遥感影像语义分割

由于逐层卷积及池化造成感受野较大,FCN 进行语义分割输出的结果容易出现边缘模糊和细小的零散区域的问题。针对上述两方面的问题,本章开展引入条件随机场的深度卷积神经网络模型的研究,介绍了条件随机场的基本原理、模型的推理、参数学习及构建。通过对城市目标的 RGB 遥感影像数据进行语义分割实验,与第四章的语义分割结果进行对比,分析结果并评价精度。

另外为了研究遥感影像多光谱的特性对于分割结果的影响,采用红外、绿、蓝(IRGB)三个波段和数字表面模型(DSM)数据组合进行实验,分析对比了同一区域不同数据的语义分割结果。

5.1 条件随机场的基本原理

机器学习中重要的任务是根据一些已经观察到的变量(训练样本)来对感兴趣的未知变量进行预测。这种预测方法本质上是分类和图模型的结合,通过使用大量输入特征结合图模型对多变量数据进行预测。条件随机场(Conditional Random Field, CRF)是一种流行的结构化预测概率方法,是2001 年由 Lafferty 教授等提出的一种判别式概率无向图模型[29]。在自然语言处理、计算机视觉和生物信息学等领域有着广泛的应用。在这类应用中,希望预测给定一个观察到的特征向量 x 的随机变量的输出向量 $y = \{y_0,$

$y_1,\ldots,y_t\}$。例如,在自然语言处理的词性标注任务中,每个变量 y_s 是单词在位置 s 的词性标记,输入向量 x 被划分为特征向量 $\{x_0,x_1,\ldots,x_t\}$,每个 x_s 包含有关单词在位置 s 的各种信息。在本书中,条件随机场用于表征遥感影像元素间的上下文关系,以此来挖掘影像中的上下文信息,从而提升语义分割的准确度。CRF 作为一种基于无向图的概率图模型,用图模型节点表示影像元素,节点之间的相互依赖关系能够描述影像元素间丰富的上下文关系。对于建立的 CRF 模型,首先需要对其进行训练以获得模型参数,再通过CRF 推理联合预测所有影像元素的目标类别。

条件随机场(CRF)能量函数包括数据项和平滑项。其中数据项是每个像素独立计算获得的类别概率,平滑项是衡量像素之间的关系,主要基于灰度值差异和空间距离来确定。利用 CRF 来提升语义分割的工作并将 CRF 集成到深度卷积神经网络之中,实现端对端的训练及预测。

5.1.1　概率图模型

概率图模型(Probabilistic Graphical Model,PGM)提供了一种自然的方法来表示输出变量相互依赖的方式,是一类将基于概率相关关系的模型用图形形式表达的总称,是图论与概率论结合而建立的结构。其中,图论直接指定各部分之间的关系,而概率论用来描述各部分的依赖性。因此,根据上下文的关系进行预测,并能取得较好的预测效果。

图模型用图结构来表示随机变量之间的依赖关系,随机变量的属性用节点表示,随机变量之间的概率依赖关系用边来表示。根据边的性质不同,概率图模型分为两类:使用有向无环图表示变量之间依赖关系的有向图模型,见图5.1(a);使用无向图表示变量之间相关关系的无向图模型,见图5.1(b)。

图 5.1 表示图模型,假设 $V=(V_1,V_2,V_3,V_4,V_5,V_6)$ 是节点集,代表随机变量;$E=\{V_i,V_j:i,j=1,2,3,4,5,6;i\neq j\}$ 代表节点间连接边的集合。图 5.1 (a)表示六个随机变量的有向图模型,E 表示节点间有向边的集合,有向图模型表示为 $G=(V,E)$,图的有向性表示每个节点 V_i 都有一组父节点 V_m,每个节点的取值依赖于其父节点的取值;图5.1(b)表示六个随机变量的无向图模型,E 表示节点间无向边的集合,则无向图模型为 $G=(V,E)$,节点集 V 表示一组

连续或离散的随机变量,V 中每个节点对应于一个随机变量。每个图模型对应于该图中节点所表示的随机变量的联合概率分布。

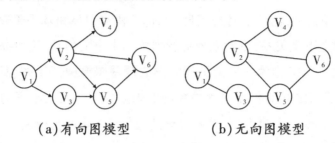

(a)有向图模型   (b)无向图模型

图 5.1   图模型

CRF 是一种常见的无向图模型。在图中,对于图中节点的子集,假如其中任意两节点间都有边连接,则该节点子集称为一个"团"。若在一个团中加入另外任何一个节点都不再形成团,则称为"极大团"[31]。如图 5.1(b)中,$\{V_1,V_2\}$,$\{V_1,V_3\}$,$\{V_2,V_4\}$,$\{V_2,V_5\}$,$\{V_2,V_6\}$,$\{V_3,V_5\}$,$\{V_5,V_6\}$ 和 $\{V_2,V_5,V_6\}$ 都是团,$\{V_1,V_2\}$,$\{V_1,V_3\}$,$\{V_2,V_4\}$,$\{V_2,V_5,V_6\}$ 是极大团,显然,每个节点至少出现在极大团中。

在有向图模型中,随机变量的联合概率分布可分解为一组条件概率的乘积。对于无向图模型,由于其无向特性,它的参数不同于有向图,使得该条件概率与给定的其他节点的条件概率很难保持一致。因此,无向图模型的联合概率不能根据条件概率进行参数化表示,但可对应于每个极大团所对应的势函数的集合。无向图上随机变量的联合概率分布可表示为:

$$p(v_1,v_2,\ldots,v_n) = \frac{1}{Z}\prod_{c\in C}\Psi_{V_c}(v_c) \tag{5.1}$$

其中 C 表示图 G 中的极大团的集合,势函数 $\Psi_{V_c}(v_c)$ 反映了每种可能状态的能量,Z 为归一化因子,也叫分割指数,为了解除势函数为正实数的约束,将势函数定义为:

$$\Psi_{V_c} = \exp(\Phi_{V_c}(v_c)) \tag{5.2}$$

则 5.2 式可以写成:

$$p(v_1,v_2,\ldots,v_n) = \frac{1}{Z}\prod_{c\in C}\exp(\Phi_{V_c}(v_c)) = \frac{1}{Z}\exp(\sum_{c\in C}\Phi_{V_c}(v_c)) \tag{5.3}$$

其中 Z 为：

$$Z = \sum_{v_1,v_2,\ldots,v_n} \prod_{c \in C} \Psi_{Vc}(v_c) = \sum_{v_1,v_2,\ldots,v_n} \exp\left(\sum_{c \in C} \Phi_{V_c}(v_c)\right)$$

$$(5.4)$$

对于随机场,不同的结构的概率图模型,采用的推理算法和参数学习方法也不同。在基于概率图模型的图像目标类分割中,用势函数来表达目标间的关系,已取得显著的效果。

5.1.2 CRF 模型的基本形式

条件随机场(CRF)的定义:令 $G = (V,E)$ 为无向图, $Y = (Y_v)_{v \in V}$ 为图中节点集所表示的一组随机变量,当给定 X 条件下,随机变量 Y_v 满足马尔科夫(Markov)性,即

$$p(Y_v \mid X, Y_w, w \neq v, v, w \in V) = p(Y_v \mid X, Y_w, w \in N_v) \quad (5.5)$$

其中 N_v 表示节点 v 的邻域;则 (X,Y) 称为一个条件随机场。

式(5.5)定义的 CRF 模型只是个框架,模型的具体定义要根据实际应用中待解决的问题来确定。对于面向标记的图像分割问题,CRF 模型的实现流程如下图:

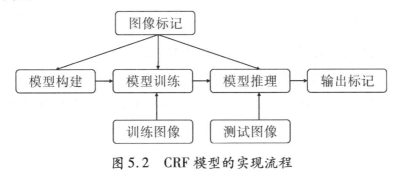

图 5.2　CRF 模型的实现流程

5.2　引入条件随机场的深度卷积神经网络

5.2.1　像素级别的标注预测的条件随机场

这一小节中,简要概述用于像素级别的标注预测的条件随机场(CRF),CRF 包含观测场和标签场,分别由一组表示观测数据的随机变量集合 X 和

表示类别的随机变量集合 Y 组成,它直接对后验分布 $P(Y|X)$ 进行建模。如,对于一幅图像,用 $X = \{X_1, X_2, \ldots, X_N\}$ 表示 N 个观测数据, $Y = \{Y_1, Y_2, \ldots, Y_N\}$ 表示观测数据 X 所对应的目标类别, Y_i 可以从一组类别标签 $L = \{0, 1, \ldots, T\}$ 中取任意值,背景类别由 $Y_i = 0$ 表示,目标类别由 $Y_i \in \{1, \ldots, T\}$ 表示。给定观测数据集 X,类别变量集 Y 的后验分布为:

$$P(Y \mid X) = \frac{1}{Z} \exp\{- E(Y \mid X)\} \tag{5.6}$$

其中,Z 是归一化常数,其计算公式如下:

$$Z = \sum_{Y \in \Omega} \exp\{- E(Y \mid X)\} \tag{5.7}$$

E(Y |X)表示能量函数,即组合优化的代价函数,其一般形式为:

$$E(Y \mid X) = \sum_{i \in V} \psi_u(Y_i \mid X_i) + \sum_{i,j \in E} \psi_p(Y_i, Y_j \mid X_i, X_j) + \sum_{c \in C} \psi_h(Y_c) \tag{5.8}$$

X 表示 CRF 中的图像元素集合;Y 表示图像元素的类别变量集合;节点子集 c 表示团(Clique),C 表示所有团 c 的集合;ψ_u、ψ_p 和 ψ_h 分别表示一阶能量项、二阶能量项和高阶能量项。

一阶能量项 ψ_u 表示当忽略其他观测数据时,将观测数据 X_i 分类为 Y_i 的概率,它通常由分类器根据像素的特征即类别标注独立地计算获得,这些特征包含了形状、纹理、位置和颜色等的描述;由于每个像素的一阶能量项的输出独立于其他像素的分类器的输出,所以一元分类器单独产生的图像标记通常是有噪声的。

二阶能量项 ψ_p 又称为点对能量项,用于描述一对类别变量间的依赖关系,通常用 Potts 模型表示[30],Potts 模型又称为类别兼容性函数,表示一对图像元素取不同类别的惩罚代价,而惩罚的程度通常取决于图像元素的空间距离或者特征相似度。二阶能量项的形式如下:

$$\psi_p(Y_i, Y_j \mid X_i, X_j) = \gamma \cdot \mu(Y_i, Y_j) \tag{5.9}$$

其中,γ 表示权重,用于调节惩罚代价的强度,它通常根据观测数据 X_i 和 X_j 的空间位置信息和特征进行计算。例如在图像语义分割任务中,X_i 和 X_j 距

离越近或者 X_i 和 X_j 越相似,对 Y_i 和 Y_j 取不同类别的惩罚代价越大,使得距离近且相似的像素类别更有可能一致,从而达到像素类别平滑的效果。γ 可以用高斯核权重和高斯核的乘积代替,则 5.9 式可以写为 5.10 式:

$$\psi_p(Y_i, Y_j \mid X_i, X_j) = \mu(Y_i, Y_j) \cdot k(X_i, X_j) = \mu(Y_i, Y_j) \cdot \sum_{m=1}^{M} \omega^{(m)} K^{(m)}(X_i, X_j)$$

$$(5.10)$$

其中,K_m 是高斯核,w_m 是高斯核权重,k 的形式如下:

$$k(X_i, X_j) = \omega^{(1)} \underbrace{\exp(-\frac{\|p_i - p_j\|^2}{2\theta_\alpha^2} - \frac{\|I_i - I_j\|^2}{2\theta_\beta^2})}_{外观核} + \omega^{(2)} \underbrace{\exp(-\frac{\|p_i - p_j\|^2}{2\theta_\gamma^2})}_{平滑核}$$

$$(5.11)$$

其中,I_i 表示像素 i 的颜色向量,p_i 表示其坐标位置矢量。外观核基于先验:如果相邻的两个像素颜色相似,那么它们很可能属于同一目标类别,邻近度和相似度由参数 θ_α 和 θ_β 控制。平滑核用于移除图像中孤立的小区域。

5.2.2 条件随机场的推理

CRF 模型推理指给定观测数据即图像的像素值 X 和模型参数,来估计对应的标记 Y 的过程。对 CRF 进行精确推理往往需要很大的计算开销,所以近似推理在现实应用中更为常用。近似推理分为基于确定性的变分推断(variational inference)和基于随机性的采样方法。本文使用的是变分推理中的平均场近似推理的方法(Mean - field)。主要参考文献[32]贡献 Mean - field CRF 推理,将 Mean - field CRF 推理迭代作为 CNN 的一个层,产生用于近似推理的迭代消息传递算法。

Mean - field 推理的核心思想不是计算精确的分布 $P(Y)$,而是通过计算一个近似分布 $Q(Y)$,使所有分布 Q 之间的 KL 散度 $D(Q \parallel P)$ 最小化,这些分布 Q 可以表示为一系列相互独立的多变量因子的乘积,即:

$$Q(Y) = \prod_i Q_i(Y_i) \qquad (5.12)$$

Mean - field 近似模型是使 KL 散度 $D(Q \parallel P)$ 最小的分布 $Q(Y)$,KL 散度公式为式(5.13):

$$D(Q \parallel P) = \sum_Y Q(Y) \log(\frac{Q(Y)}{P(Y)}) \tag{5.13}$$

通过推理(具体推理详见文献[33]的 11.5 章),最终可以获取如下迭代更新公式:

$$Q_i(Y_i = l) = \frac{1}{Z_i} \exp\{ -\psi_u(Y_i) - \sum_{l' \in L} \mu(l, l') \sum_{m=1}^M \omega^{(m)} \sum_{j \neq i} K^{(m)}(X_i, X_j) Q_j'(l') \}$$
$$\tag{5.14}$$

根据迭代更新公式(5.14),可获得如下 Mean - field 算法的运行情况,并且将他们描述为 CNN 的层:

表 5.1 链接 CRF 的 Mean - field 推理算法

算法:全连接 CRF 的 Mean - field 推理:
初始化: $\frac{1}{Z_i} \exp(-\psi_u(Y_i)) \to Q_i(Y_i)$
迭代步骤:
从所有的 X_j 到 X_i 进行信息传递: $\sum_{j \neq i} K^{(m)}(X_i, X_j) Q_j(l) \to \tilde{Q}_i^{(m)}(l)$
滤波结果加权相加: $\sum_m \omega^{(m)} \tilde{Q}_i^{(m)}(l) \to \widehat{Q}_i(l)$
类别兼容性转换: $\sum_{l \in L} u(Y_i, l) \check{Q}_i(l) \to \widehat{Q}_i(Y_i)$
合并一阶能量项: $-\psi_u(Y_i) - \widehat{Q}_i(l) \to \ddot{Q}_i(Y_i)$
归一化: $\frac{1}{Z_i} \exp(\ddot{Q}_i(Y_i)) \to Q_i$
结束

第一步:初始化:对于所有的像素 i ,将 $\frac{1}{Z_i} \exp(-\psi_u(Y_i))$ 初始化为 $Q_i(Y_i)$,由 FCN8s 模型输出的结果作为初始化值。

第二步:信息传递:在全连接 CRF 公式中,采用 m 个高斯滤波器对每一个目标类别的概率图进行滤波。根据像素位置和 RGB 值等图像特征推导出高斯滤波系数,反映像素与其他像素的关联程度。

第三步:滤波结果加权相加:平均场迭代的下一步是对每个类标号 l 的 m 个滤波结果根据权重 $\omega^{(m)}$ 相加。

第四步:类别兼容性转换:在兼容性转换步骤中,来自前一步骤的输出 $\tilde{Q}$ 在不同程度上与标签之间共享,这取决于这些标签之间的兼容性。

第五步:合并一阶能量项:该步骤将通过类别兼容性变换的输出与一阶能量项合并,其目的是更新类别变量的边缘分布。

第六步:归一化:最后,对各像素所属不同类别的概率进行归一化,可以认为是 Softmax 操作。

5.2.3　参数学习

CRF 模型的数学定义式中都包含参数,如平均场 Mean – field 更新迭代公式(5.14),在对图像进行分类预测之前,要求计算模型的参数,这个过程就是参数学习。模型的参数学习首先需要输入观测数据及其标注数据作为训练数据,在给定的训练准则下,采用某种优化算法求解参数的最优估计值。CRF 模型的参数学习与推理是交替进行的。

Mean – field 更新迭代公式中的参数主要有外观核参数 $\omega^{(1)}$、θ_α、θ_β;平滑核参数 $\omega^{(2)}$、θ_γ;以及兼容性函数 μ。平滑核参数 $\omega^{(2)}$、θ_γ 对分类精度影响不大,视觉效果改善较小,本文采用参数 $\omega^{(2)} = 3$,$\theta_\gamma = 3$;外观核参数 $\omega^{(1)}$、θ_α、θ_β 使用网格搜索的方法获取。

5.2.4　引入 CRF 的深度卷积神经网络模型的构造

本章实验模型,是在深度卷积神经网络中引入条件随机场,使用条件随机场 CRF 进行迭代优化。具体模型是在第四章全卷积神经网络 FCN8s 模型最后一个卷积层后引入条件随机场,实

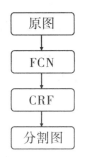

图 5.3　引入 CRF 的深度卷积神经网络模型的构造

现端对端的训练。模型的构造如图5.3,首先将原始图像输入到FCN8s中,经过FCN8s生成一个粗糙的分割,将FCN8s生成的粗糙的分割作为CRF的初始值;按5.2.2的步骤开始CRF迭代计算;最后通过softmax分类器,获得分割结果。

5.3　实验及结果分析

本章实验仍然选用VGG-16作为基础的网络模型,在第四章全卷积神经网络FCN8s模型的最后一个卷积层后引入条件随机场,实现端对端的训练。

5.3.1　城市目标语义分割

1.本章实验数据为第四章4.2.3中的城市区域多目标遥感影像,数据大小、训练集、验证集、测试影像与第四章4.2.3一致。

2.参数设置

外观核参数 θ_α 、θ_β 、$\omega^{(1)}$ 的值通过网格搜索的方法获得,$\omega^{(1)}$ 的搜索范围为 $[3,4,5,6]$;θ_α 的搜索范围为 $[15,25,35,45,55]$;θ_β 的搜索范围为 $[3,4,5,6]$ 。由于该城市的区域目标中有大的建筑物,也有小的车辆、灌木,同一目标有颜色相近的,也有颜色差别较大的,如车辆天窗颜色和车体差异明显,所以选择合适的 θ_α 、θ_β 、$\omega^{(1)}$ 很重要,不同的 θ_α 、θ_β 、$\omega^{(1)}$ 得到的效果差异比较大。图5.4(d)、(e)、(f)是在图5.4(c)的基础上直接进行CRF后处理,迭代10次的结果。5.4(d)中 θ_β 过大,会滤掉很多正确识别的目标,比如图中标示1处,会把车顶天窗和车体分离开来,对一些零星的灌木也会滤掉,如图中标示2处,而如果选择太小则作用不明显;5.4(e)中 θ_α 选择过大,也会滤掉正确的目标(图中标示3处),还会出现更多空洞的杂散点(图中标示2处等);图5.4(f)中对细小的杂散点起到过滤的作用,但并没有滤掉正确的目标区域。本文综合六种目标,选取5.4(f)中的参数,即 $\theta_\alpha = 25$,$\theta_\beta = 4$,$\omega^{(1)} = 6$ 。另外平滑核参数为 $\omega^{(2)} = 3$,$\theta_\gamma = 3$ 。

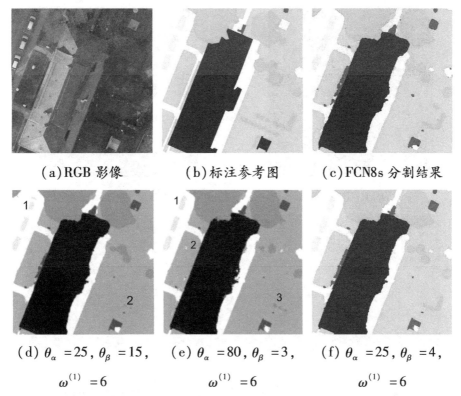

(a)RGB 影像   (b)标注参考图   (c)FCN8s 分割结果

(d) $\theta_{\alpha}=25$, $\theta_{\beta}=15$,   (e) $\theta_{\alpha}=80$, $\theta_{\beta}=3$,   (f) $\theta_{\alpha}=25$, $\theta_{\beta}=4$,

$\omega^{(1)}=6$ $\omega^{(1)}=6$ $\omega^{(1)}=6$

图 5.4 不同外观核参数进行 CRF 处理获得的分割结果

确定好以上参数后,以第三章 FCN8s 模型的参数作为初始网络参数进行微调,随机梯度下降的动量为 0.99,批处理为 2,条件随机场每一轮训练的迭代次数为 5。迭代次数为 20000 次,前 10000 次的学习率为 1×10^{-13},后 10000 次的学习率为 1×10^{-14}。

3. 实验结果

图 5.5 展示了一幅测试图在第一卷积层权重可视化后的显示结果,第一卷积层有 64 个卷积核,即可以获得 64 幅特征图,这些特征包含纹理、边缘、轮廓、颜色等丰富的特征。

训练过程中,在验证集中的 MIoU 精度随迭代次数变化而变化的曲线如图 5.6 所示,FCN8s + CRF 模型的精度值较 FCN8s 模型的精度值有所提升,但提升幅度较小,最终提升 0.5%。迭代 20000 次,最终曲线趋于平稳,即很难再学习到特征,所以终止了训练,获得最终模型。

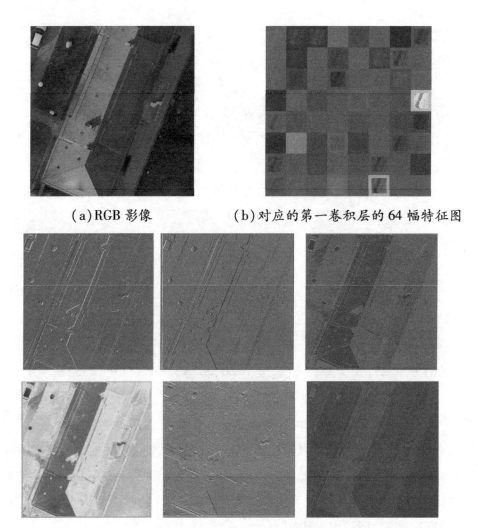

(a) RGB 影像　　　　(b) 对应的第一卷积层的 64 幅特征图

(c) 其中的六幅特征图放大显示

图 5.5　　第一卷积层权重可视化(特征图)

图 5.7 和图 5.8 展示了其中两幅测试图的分割结果,测试图的像素大小为 1500×1500,从图中可以看出 FCN8s + CRF 模型较 FCN8s 模型的分割边界更准确,零散区域有所减少。

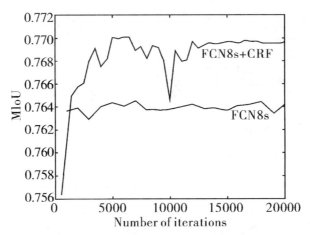

5.6　验证集的 MIoU 精度值随迭代次数的变化而变化的情况

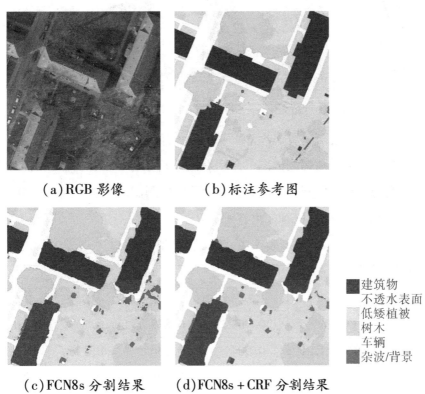

（a）RGB 影像　　　（b）标注参考图

建筑物
不透水表面
低矮植被
树木
车辆
杂波/背景

（c）FCN8s 分割结果　　　（d）FCN8s＋CRF 分割结果

图 5.7　测试图一的分割结果

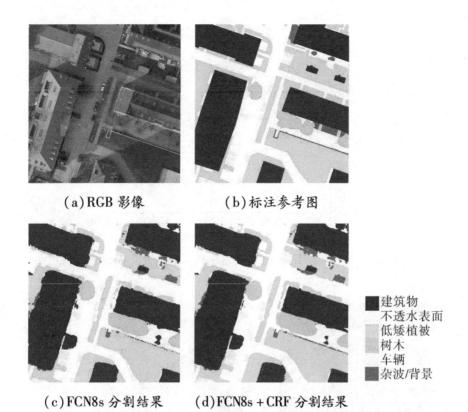

(a)RGB 影像　　　　(b)标注参考图

建筑物
不透水表面
低矮植被
树木
车辆
杂波/背景

(c)FCN8s 分割结果　　(d)FCN8s + CRF 分割结果

图 5.8　测试图二的分割结果

　　表 5.2 展示了两幅测试图的四个精度评价指标,FCN8s + CRF 较 FCN8s 各个精度指标都有所提升。表 5.3 展示了两幅测试图中各类地物的 MIoU 精度值,FCN8s + CRF 较 FCN8s 也有所提升。

表 5.2　测试图的精度

测试图号	模型	精度			
		PA	MPA	MIoU	FWIoU
测试图一	FCN8s	0.903	0.832	0.709	0.827
	FCN8s + CRF	0.904	0.836	0.716	0.829
测试图二	FCN8s	0.865	0.785	0.670	0.772
	FCN8s + CRF	0.872	0.796	0.681	0.783

表5.3　测试图的精度

测试图	模型	不同地物的 MIoU 精度					
		杂波/背景	不透水表面	建筑物	低矮植被	树木	车辆
测试图一	FCN8s	0.076	0.789	0.933	0.798	0.805	0.806
	FCN8s + CRF	0.098	0.798	0.942	0.812	0.810	0.820
测试图二	FCN8s	0.116	0.704	0.896	0.722	0.750	0.843
	FCN8s + CRF	0.142	0.716	0.907	0.732	0.755	0.855

对测试图一进一步分析发现,图5.9中画圆圈的两个区域,类似垃圾桶,但是参考标注却是草地,而最终的预测把它们归为背景;同样对于此图中的高大树木,并不是茂密不透光的,树枝之间还是有一定的间隙,而参考图却为一个整体。所以参考图的标注也不是完全正确的,而有些分割结果反而更准确一些。

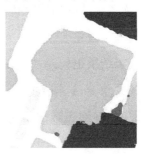

　　RGB 影像　　　　　　　标注参考图　　　　　　　分割结果

图5.9　测试图一结果分析(一)

在对测试结果进行分析的过程中,发现有些标注的参考图并不是完全正确的,如图5.10区域,虽然参考图中的房子比较规整,但实际的 RGB 图上却并非如此,可能由于正射影像图处理过程中的变形,房屋边角的确是比较毛糙,对于屋顶不同色调,比如侧面的灰色廊檐顶,虽然和不透水地面颜色较接近,但仍然能把它划为房子类;另外 RGB 图中圈的范围目标比较杂乱,有栅栏、花盆及其他细碎的目标,所以分割结果中杂波背景比较多,标注参考图却全部为草地是不完全正确的。

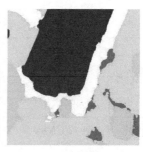

RGB 影像   标注参考图   分割结果

图 5.10　测试图一结果分析(二)

4. 结论

通过对城市复杂区域的六类目标进行 FCN8s + CRF 模型语义分割实验，较 FCN8s 模型在分割精度上和效果上都有所提升，但提升幅度并不明显，主要由于第一，该区域地物复杂，目标有大有小，同类目标颜色差别也比较大；第二，参考图标注的有些目标不完全正确，而预测的分割结果却反而是正确的，这样对精度的计算也有一定的影响，所以训练集的正确性、参考图的标注的正确性很重要；第三，有一些复杂区域和地物，肉眼都很难辨别，机器预测的分割结果也较差一些。总之，CRF 对区域有滤波作用，但选择合适的 θ_α、θ_β 值很重要，选择太大会滤掉很多小目标，选择太小作用又不明显。

5.3.2　多通道数据组合的城市目标语义分割

1. 数据

该部分数据集仍然选用国际摄影测量与遥感学会工作组 II4(ISPRS WG II/4)语义标记竞赛中波茨坦区域的数据，选用与 4.2.3 节区域一致的 24 张 6000×6000 像素大小的红外波段、绿波段、蓝波段(IRGB)的正射影像图和数字表面模型(DSM)数据，对应的标注参考图与 4.2.3 节一样没有边界，影像地面分辨率为 0.09 米。图 5.11 展示了其中的六幅 IRGB 影像和 DSM 数据。

这样，输入影像信息不再是通用的 RGB 三通道的影像数据，而是包含了遥感影像多光谱的特性和地面高程信息，输入四个通道的信息。

同样，为了减小运算时所占用的内存和提高运算速度，将原始的 IRGB 图像和 DSM 图像裁剪成与 4.2.3 节相同大小的影像，共 4312 幅。数据扩充方法也与 4.2.3 节相同,使样本增加到 21560 幅;为了进行对比,训练集与验证集与 4.2.3 节也相同。另外,该区域影像的 IRGB 三通道的像素均值为 $[82.844,89.344,95.093]$,DSM 灰度数据的均值为 46.259,训练前要对原始影像 IRGB 三通道及 DSM 数据的像素值进行减均值操作。

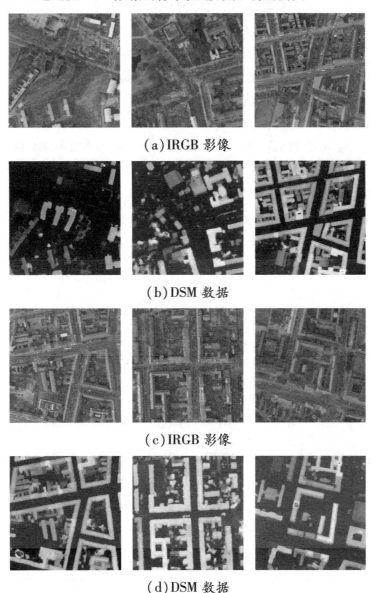

（a）IRGB 影像

（b）DSM 数据

（c）IRGB 影像

（d）DSM 数据

图 5.11　IRGB 影像及对应的 DSM 数据

2. 参数设置

选用 VGG – 16 作为基本网络模型,模型训练与该区域三通道 RGB 数据的训练流程一致,先训练 FCN32s 模型 40000 次,再训练 FCN16s 模型 40000 次,再训练 FCN8s 模型 20000 次;最后,在 FCN8s 模型中引入条件随机场进行训练,训练中,随机梯度下降的动量为 0.99,批处理为 2,条件随机场每一轮训练的迭代次数为 5,外观核参数 $\theta_\alpha = 25$,$\theta_\beta = 4$,$\omega^{(1)} = 6$,平滑核参数 $\omega^{(2)} = 3$,$\theta_\gamma = 3$。学习率根据训练过程中观察损失函数的输出值进行调整。FCN8s + CRF 模型迭代次数为 20000 次,前 10000 次的学习率为 1×10^{-11},后 10000 次的学习率为 1×10^{-12}。

3. 实验结果

首先比较 RGB 数据和 IRGB + DSM 数据训练的 FCN8s + CRF 模型最后迭代的 20000 次,在验证集中的 MIoU 精度情况如图 5.12 所示。精度曲线随着迭代次数趋于稳定,终止迭代获取最终的模型;IRGB + DSM 数据训练的模型在验证集上的 MIoU 精度较 RGB 数据训练的模型最终精度提升 1.3% 左右。

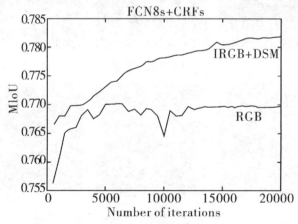

图 5.12　RGB 数据和 IRGB + DSM 数据训练的 FCN8s + CRF
模型在验证集上的 MIoU 精度

图 5.13、5.14 展示了其中两幅测试图的分割结果,其中图 5.13 中 IRGB + DSM 数据训练的模型与 RGB 数据训练的模型的分割结果见图(e)中的 1、2、3 位置,1 处 IRGB + DSM 数据训练的模型对树木灌木类分割得更精确一些,这主要由于 IRGB 图中树木灌木类在红外波段的反射率高;2 处在 IRGB + DSM 数据训练的模型中分割正确;3 处的红色背景区域较 RGB 数据训练

的模型分割的结果多,这与图5.9、5.10中分析的类似,该区域目标比较多且小,很难进行准确的预测分割。

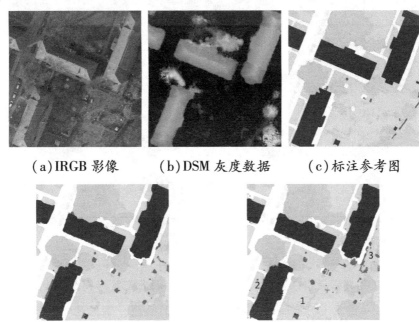

（a）IRGB 影像　　　（b）DSM 灰度数据　　　（c）标注参考图

（d）RGB 数据模型分割结果　　（e）IRRG + DSM 数据模型分割结果

图 5.13　测试图一 FCN8s + CRF 模型分割结果

下面分析图5.14测试图二的分割结果,重点分析图(d)中标记的1、2处的分割结果。

图5.15(a)中圆圈所示的区域即图5.14(d)中的位置1处,该区域为不透水的水泥地面,在RGB图和IRGB图中与房屋门廊顶部灰色区域颜色相近,利用RGB数据训练的模型的分割结果将这个区域与门廊顶部连在一起,分割为建筑物;而利用IRGB + DSM数据训练的模型将二者完全分离开来,将该区域分割为不透水的水泥地面,由于地面和房屋高程差异较大,在DSM图上可以明显地看出来,所以DSM数据起了主要的作用。

另外图5.14(d)中2处的围墙,IRGB + DSM数据训练的模型的分割效果更连续一些。

（a）IRGB 影像　　　（b）DSM 灰度数据　　　（c）标注参考图

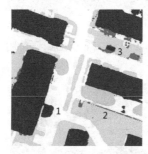 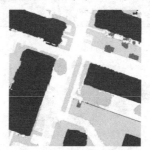

（d）RGB 数据模型分割结果　　　（e）IRRG＋DSM 数据模型分割结果

图 5.14　测试图二 FCN8s＋CRF 模型分割结果

（a）IRGB 影像　　　（b）RGB 数据模型　　　（c）IRRG＋DSM 数据模型

分割结果　　　　　　　分割结果

图 5.15　测试图二分析

4. 结论

　　利用 IRGB＋DSM 数据训练的模型在验证集中的最终精度较 RGB 数据训练得到的精度有所提升，分割效果较好。由于测试的两幅影像中植被对红外波段高反射率的作用及 DSM 提供的高程信息，用 IRRG＋DSM 数据训练的模型对植被目标和高程差异明显的目标分割较准确。

5.4　本章小结

本章首先介绍了条件随机场(CRF)的基本原理,包括概率图模型、CRF模型的基本形式及模型推理、参数学习等;并介绍了引入条件随机场的深度卷积神经网络模型的结构。由于上一章中进行 FCN8s 模型语义分割时,边缘比较模糊而且有一些细小的零散区域,通过对城市目标的 RGB 影像数据进行语义分割实验得出结论,引入条件随机场的深度卷积神经网络的精度较 FCN8s 有所提升,边界更精细一些,零散区域少一些。同时详细分析了测试图的分割结果,对于有些区域,标注参考图标注得不正确,而分割结果是正确的;还有一些区域地物比较复杂,肉眼都难以分辨,机器也很难进行准确的预测分割。

另外,本章研究了遥感影像 IRGB + DSM 数据组合进行语义分割的方法,利用 IRGB + DSM 四个波段数据进行模型训练,通过与 RGB 三波段数据训练模型进行对比,知其分割精度和效果有所提升;尤其对于具有明显高程差异的区域和植被覆盖区域分割得更好一些。

第 6 章　使用膨胀卷积算法进行遥感影像语义分割

　　由于在全卷积神经网络中,对原始数据进行下采样的倍数过多获得较小的特征图,通过反卷积层将较小的特征图恢复到原始图像大小,会造成信息损失。本章提出膨胀卷积算法的思路,该算法既能增大感受野,又不用下采样降低太多的倍数,提高了计算效率及精度。同时采用不同大小的孔尺寸,可以捕捉到不同尺度的特征。本章主要介绍膨胀卷积的计算、多尺度预测、deeplab 模型和改进的模型的结构。通过对农村建筑物目标的遥感影像进行语义分割实验,并与第五章的 FCN8s + CRF 模型进行实验对比,分析语义分割的结果并评价精度。

6.1　膨胀卷积

　　膨胀卷积仍然是一种卷积运算,通过在参与卷积核计算的元素之间忽略一些空间元素来使感受野"膨胀"[34]。感受野的大小可以通过参数孔尺寸 d 来控制,即参与卷积核计算的这些元素之间有 d - 1 个空间元素。

　　图 6.1 为三种池化方法:普通池化、密集池化、膨胀卷积。(a)图普通池化,卷积核尺寸为 3 × 3,边界填充为 1,步长为 2,池化后的输出结果为右列所示,下降了 2 倍;(b)图密集池化,边界填充为 1,卷积核为 3 × 3,步长为 1,池化后的输出结果为右列表示的 7 位,输出结果与输入等大小;(c)图膨胀卷积,边界补零 2 位,卷积核 3 × 3,步长为 1,孔尺寸为 2,池化后的输出结果为

右列的 7 位,输出结果与输入等大小。在进行膨胀卷积运算的时候,对图 6.1 (c)中有直线相连的这些元素进行普通卷积的运算,其他元素不参与计算。

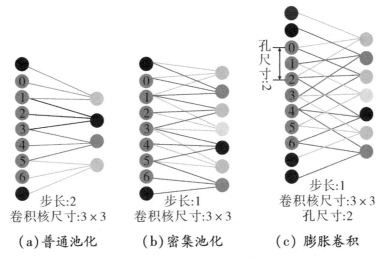

(a)普通池化　　　(b)密集池化　　　(c)膨胀卷积

图 6.1　普通池化、密集池化、膨胀卷积示意图

图 6.2 中,图(a)孔尺寸为 1,感受野为 3×3,图(b)孔尺寸为 2,感受野为 7×7,图(c)孔尺寸为 4,感受野为 15×15。利用膨胀卷积计算时,有点所在元素进行普通卷积运算,其他元素不参与计算。可以看出膨胀卷积算法的优势是在参数数量不变,计算量也没有增加的情况下,感受野明显增大,且孔尺寸越大,感受野越大。

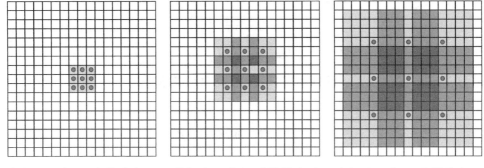

(a)孔尺寸:1,边界填充:0　　(b)孔尺寸:2,边界填充:1　　(c)孔尺寸:4,边界填充:3

卷积核尺寸为 3×3

图 6.2　不同孔尺寸的运算示意图

6.2　多尺度预测

深度卷积神经网络显著的特征是通过训练包含不同大小对象的数据集，来获取对象的不同尺度特征。对象的不同尺度也可以提升卷积神经网络对不同大小对象的预测能力。

物体存在具有不同的尺度，在卷积操作过程中对给定的特征层采用多种采样率进行采样，即采用多种并行的不同的采样率，这样就可以捕捉到不同的特征。本章通过设定不同的采样率即孔尺寸的大小获得多种平行的膨胀卷积层，每个采样率提取的特征将在不同的分支中进行进一步处理，并融合生成最终结果。如图6.3通过设置不同的孔尺寸6、12、18、24，得到不同的感受野，因而可以获得不同尺度的特征。

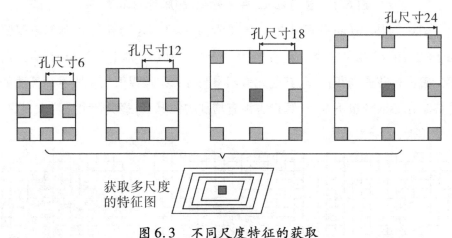

图6.3　不同尺度特征的获取

6.3　模型的构造

6.3.1　模型一

模型一是利用 deeplab 模型进行实验，仍然使用 VGG – 16 作为基本网络模型，将池化层 pool 4 和 pool 5 的步长由 2 变为 1，即池化层 pool 4 和 pool 5

并未进行下采样,这样整个模型的降采样的倍数由 32 倍变为 8 倍,那么后续卷积核的感受野会变小,为了恢复感受野,保证网络的最终高分辨率输出,这里加入膨胀卷积算法。如图 6.4 在第六层卷积层 FC6 引入 4 个不同的膨胀卷积,本文实验所采用的孔尺寸分别是 2、4、8、12,使感受野分别增大为 $5 \times 5, 9 \times 9, 17 \times 17, 25 \times 25$。然后将全卷积的 3 个层 FC6、FC7、FC8 变为四个分支。FC6 卷积核为 3×3,FC7、FC8 卷积核分别为 1×1。FC8 得到类别的得分值进行相加融合。对融合的特征采用反卷积算法,使输出的特征恢复到和原图同样大小的尺寸。同样,为了优化分割结果的边界及对一些零散区域进行滤波处理,在模型尾部添加 CRF 模型。

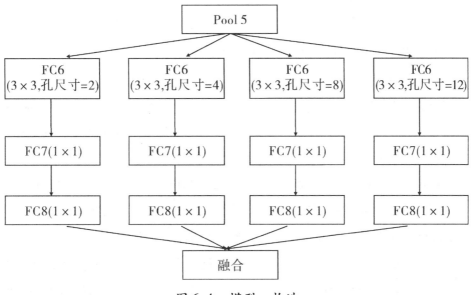

图 6.4　模型一构造

6.3.2　改进的模型

受跳层结构、膨胀卷积的启发,作者根据农村建筑物分辨率低,房屋大小不同,面积较小的特征,构建了一个新的模型。模型结构如图 6.5 所示,一共六个模块,第一模块对数据 data 进行卷积计算,卷积运算中卷积核为 3×3,步长设置为 8,直接对原图进行了 8 倍下采样,获得了 ms1 数据;第二模块对输入数据 data 进行卷积计算并利用池化层下采样 2 倍获得 pool 1,然后再进行卷积运算,卷积核为 3×3,步长设置为 4,下采样了 4 倍,获取了 ms2 数据;

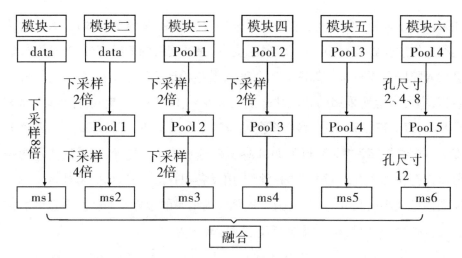

图 6.5   改进模型构造

第三模块对 pool 1 进行卷积计算并利用池化层下采样 2 倍,获得 pool 2,然后通过卷积运算,卷积核为 3×3,步长设置为 2,下采样了 2 倍,获取了 ms3 数据;第四模块对 pool 2 数据进行卷积运算并利用池化层下采样 2 倍,获得 pool 3,对 pool 3 进行卷积运算,卷积核为 3×3,步长设置为 1,没有进行下采样,获取了 ms4 数据;第五模块对 pool 3 数据进行卷积运算,池化层步长设置为 1,即不进行下采样获得 pool 4,再对 pool 4 进行卷积运算,卷积核为 3×3,步长设置为 1,不进行下采样,获取了 ms5 数据;第六模块对 pool 4 数据进行膨胀卷积运算,孔尺寸设置为 2、4、8,获得 pool 5,然后对 pool 5 进行孔尺寸为 12 的卷积运算,获得 ms6。ms1、ms2、ms3、ms4、ms5、ms6 都是对原图进行了 8 倍下采样的特征图,对这六个特征图进行对应位置数据的相加,即融合了 6 个模块的特征。然后对融合后的特征图通过反卷积进行 8 倍上采样,使其恢复到和原图同样大小。最后在这个模型的尾部添加 CRF,来优化分割的结果。

6.4   实验及结果分析

本节只对农村建筑物数据进行语义分割实验,采用 6.3 节提出的两种模型进行对比实验。数据集使用 4.2.2 节的数据。

6.4.1　模型一

模型一为 deeplab 模型,参数的设置采用的是第四章 FCN8s 训练获得的模型参数进行微调,将层名相同的对应参数传递到 deeplab 模型中,层名不同的重新进行学习。随机梯度下降的动量设置为 0.9,批处理设置为 2,共训练了 40000 次,前 20000 次的学习率为 10^{-8},后 20000 次的学习率为 10^{-9}。条件随机场的迭代次数为 5,外观核参数 $\theta_{\alpha}=50$,$\theta_{\beta}=3$,$\omega^{(1)}=5$。另外平滑核参数 $\omega^{(2)}=3$,$\theta_{\gamma}=3$。

6.4.2　改进的模型

改进的模型仍然以第四章中 FCN8s 训练获得的模型参数进行微调学习,将层名相同的对应参数传递到改进的模型中,层名不同的重新进行学习。随机梯度下降的动量为 0.9,批处理为 2;条件随机场每一轮训练的迭代次数为 5,外观核参数 $\theta_{\alpha}=50$,$\theta_{\beta}=3$,$\omega^{(1)}=5$。另外平滑核参数 $\omega^{(2)}=3$,$\theta_{\gamma}=3$。迭代次数为 40000 次,前 20000 次的学习率为 10^{-8},后 20000 次的学习率为 10^{-9}。

6.4.3　实验结果

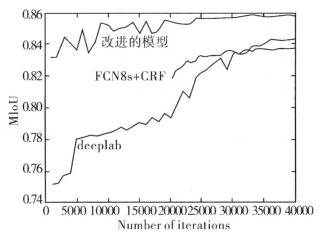

图 6.6　验证集的 MIoU 精度随迭代次数的变化而变化

训练过程中,验证集的精度 MIoU 随训练迭代次数的变化而变化的情况如图 6.6 所示。由于 FCN8s + CRF 只训练了 20000 次,为了对比最终结果,将其曲线平行于横坐标移动至右端。从图中可以看出,改进模型在验证集中最终的 MIoU 精度明显高于 deeplab 模型和 FCN8s + CRF 模型,提升幅度接近2%。deeplab 模型在验证集中的 MIoU 精度较 FCN8s + CRF 模型也略有所提高。

图6.7、图6.8 展示了 FCN8s + CRF、deeplab 及改进的模型对其中两幅测试图的语义分割结果及其与标注参考图叠加显示的结果;叠加显示的图中,浅灰色是正确分割的区域,深灰色是错误分割的区域,黑色是本该是目标区域而未分割出来的区域。

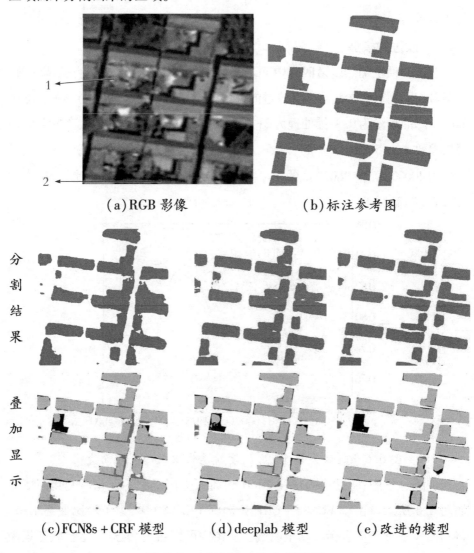

(a)RGB 影像 　　　　　　　(b)标注参考图

(c)FCN8s + CRF 模型 　　(d)deeplab 模型 　　(e)改进的模型

图6.7　测试图一的分割结果

从图6.7的分割结果图中可以看出,改进的模型的分割结果更精细一些,边角更清晰,而FCN8s＋CRF模型的分割结果中很多大房子和小房子连在一起,边界不清晰,棱角不明显;在叠加显示的图中,FCN8s＋CRF模型中的深灰色即错误分割的区域明显多一些。另外,图6.7(a)中箭头标示的两处,1处所示的区域三种模型的分割结果都不好,有的分割正确了一小部分,有的完全没有分割出来,肉眼观察,该处的房屋并不是很明显,容易忽略;2处deeplab模型和改进的模型分割出为建筑物,仔细观察RGB影像图,可能由于对影像的裁切使房屋不完整,只有一个角,模型分割了出来,而标注参考图里面并没有标注。另外,对于整个复杂的建筑物群,树木遮挡的房屋几乎无法分割,导致有些房屋不完整。

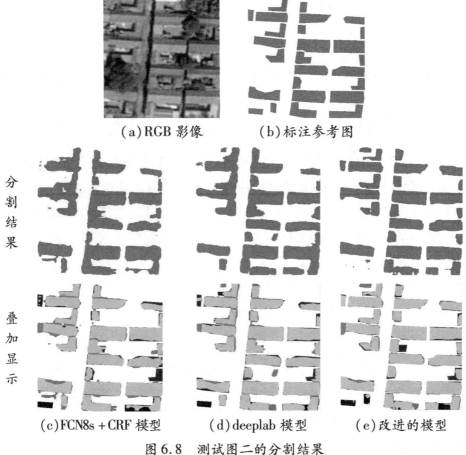

(a)RGB影像　　　　　(b)标注参考图

分割结果

叠加显示

(c)FCN8s＋CRF模型　　　(d)deeplab模型　　　(e)改进的模型

图6.8　测试图二的分割结果

从图6.8中可以看出改进的模型的分割结果边界较清晰,棱角较明显,错误分割和漏掉的区域较少一点。分析图6.8(a)原始影像,由于分辨率较低,不进行现场调绘,有些区域肉眼很难确定;另外由于是正射影像图,对于高大茂密的树木遮挡下的房屋也是难以处理。

表6.1展示了这两幅测试影像的四个精度评价指标的值,即像素精度(PA)、平均像素精度(MPA)、平均交并比(MIoU)和频权交并比(FWIoU)的精度值,改进的模型的精度较 FCN8s + CRF 和 deeplab 提升比较明显。

表6.1　测试图的精度值

测试图号	模型	精度			
		PA	MPA	MIoU	FWIoU
测试图一	FCN8s + CRF	0.924	0.918	0.846	0.859
	Deeplab	0.930	0.919	0.848	0.862
	改进的模型	0.935	0.921	0.864	0.878
测试图二	FCN8s + CRF	0.896	0.887	0.801	0.813
	Deeplab	0.909	0.901	0.822	0.833
	改进的模型	0.919	0.909	0.841	0.851

总之,通过采用两种具有膨胀卷积的 deeplab 模型和改进的模型,对农村建筑物区域进行语义分割实验,并与第五章的 FCN8s + CRF 模型的分割结果进行对比,改进的模型在验证集上的 MIoU 精度明显高于其他两种方法,在测试集上的分割效果和精度更好,不仅能捕捉到全局信息,还可以捕捉到更细微的信息,边界更清晰,棱角更分明。

6.5　本章小结

本章重点介绍了膨胀卷积算法及多尺度预测的意义,将膨胀卷积算法用于构造深度卷积神经网络模型,并融合各个尺度的特征。简单介绍了 deep-lab 模型,并基于膨胀卷积及融合多尺度特征信息的设想,以及农村建筑物数据的特征,构造了一个新的深度卷积神经网络模型,对农村建筑物目标进行了语义分割实验验证。

　　由于该农村建筑物目标区域影像的分辨率较低,高大树木较多,模型对有些区域不能很好地识别,但大多数房屋都能识别出来。改进的模型在验证集上的 MIoU 精度明显高于 FCN8s + CRF 模型和 deeplab 模型;在测试集上的分割效果更好,房屋边界清晰,棱角分明,分割的精度也较高。

第7章 总结与展望

7.1 研究工作总结

本书主要研究深度卷积神经网络理论在遥感影像目标检测及语义分割中的应用,设计、实现并通过实验评价了用于遥感影像目标检测及语义分割的深度卷积神经网络模型。本书主要研究贡献如下:

研究了区域卷积神经网络用于遥感影像上车辆目标的检测。针对传统目标检测方法所使用的滑动窗口方法,需要大量的重复计算,效率低;本书采用区域卷积神经网络用于车辆目标检测。该方法只需对输入影像进行一次卷积神经网络计算并提取特征,然后在提取的特征图上的每个像素位置采用9种不同的参考框进行检测,最终的计算量会比传统的滑动窗口法降低很多。通过对遥感影像车辆目标进行检测实验,与传统的基于方向梯度直方图(HOG)的车辆检测算法进行比较,可知区域卷积神经网络方法识别的正确率明显较高,错误识别的车辆个数也较少,尤其在时间方面,单片测试的平均时间提升百倍以上,表明该算法检测的准确率和时间上都明显优于传统的算法,具有较强的鲁棒性和可靠性。

研究了全卷积神经网络用于遥感影像语义分割。针对语义分割需要对影像中的每个像素进行类别识别,要求获取二维空间向量。因此,本书将早期深度卷积神经网络模型的全连接层修改为全卷积层,从而获取表征目标类别特征的二维空间向量；同时通过反卷积进行上采样，将小尺寸的特征图像恢复到与输入影像相同大小的尺寸。另外，采用跳层结构获取了模型 FCN8s，可以融合各个尺度的特征。通过对三种不同分辨率、包含不同目标类别的水体数据、农村建筑物数据和城市区域多类目标数据进行实验，使用跳层结构获取的 FCN8s 模型较没有跳层的模型的分割结果精细一些，分割的精度较高；另外与传统的阈值法、GrabCut 算法、eCognition 软件面向对象的分类方法进行对比，FCN8s 模型无论在分割的精度上还是分割效果方面都有显著的提升。

针对 FCN8s 模型输出的分割结果容易出现边缘模糊和有零散区域的缺陷，研究了引入条件随机场方法的深度卷积神经网络进行语义分割的思路。条件随机场能量函数包括数据项和平滑项，能有效解决边缘模糊和有零散区域的问题。模型的构造是在 FCN8s 模型的基础上，引入条件随机场，实现端对端的训练和预测，来优化分割结果。通过城市区域 RGB 影像数据的实验，验证了引入条件随机场的模型在边界处分割得更精准，而且平滑掉了一些零散的小区域。另外，本文将红外、绿、蓝（IRGB）影像和 DSM 数据四个通道的数据组合进行语义分割实验，结果表明，采用 IRGB + DSM 数据组合训练进行语义分割的方法，在精度和效果上有明显提升，尤其对于植被覆盖和高程差异明显的目标的识别及语义分割更精确，效果更好。

针对全卷积神经网络中下采样倍数过大，反卷积过程中造成信息损失的问题，提出了将膨胀卷积算法用于遥感影像目标语义分割，该算法可以增大感受野，减少下采样的倍数，提高了计算效率及精度；另外采用不同大小的孔尺寸，可以捕捉到不同尺度的目标特征，解决了同一类型不同大小目标的语义分割问题。本文针对农村建筑物影像数据分辨率低，房屋类型多样，大小不同的问题，利用膨胀卷积构造了新的模型应用于农村建筑物目标的语义分割，通过与具有膨胀卷积算法的 deeplab 模型和引入条件随机场的 FCN8s + CRF 模型进行对比实验，表明改进的模型不仅能捕捉到全局特征，还能获得更细微的局部特征，分割精度较高，边界更清晰、棱角更分明。

7.2　展望

目前,深度学习技术发展迅速,框架不断完善,模型不断更新,深度学习技术不仅仅是一项算法技术,更是由"硬件 + 软件 + 算法 + 数据"综合起来的系统工程。在遥感领域的应用也要进一步更新和突破,还有很多工作需要进一步地研究。

在网络结构方面,书中卷积神经网络模型主要采用的是 VGG – 16,目前已经有更深更宽的网络,比如 ResNet101 模型;也有轻型网络,后续可以尝试利用这些网络进行对比实验;另外,可以根据遥感影像的特征或目标类别,设计出鲁棒性更强、可靠性更高的遥感影像语义分割的网络结构。

在波段使用方面,本书只使用了遥感影像的 RGB 三波段和 IRGB + DSM 四个波段的数据,遥感影像具有高光谱的特征,针对遥感影像更多的波段进行实验,是一个值得研究的课题。

本书使用的是二维的标注数据,对于三维数据,如机载雷达数据,利用深度卷积神经网络进行点云数据的分类,再进行三维重建,是一个值得研究的内容。

总之,深度卷积神经网络在遥感领域的应用,从不同框架、不同模型、不同数据方面都值得我们进一步地探索。

附 录

专有名词表

缩略语	英文全称	中文对照
BP	Back Propagation	反向传播算法
CNN	Convolutional Neural Networks	卷积神经网络
FCN	Fully Convolutional Networks	全卷积神经网络
PASCAL VOC		视觉目标类识别挑战赛
ILSVRC		大规模视觉识别挑战赛
CRFs	Conditional Random Fields	条件随机场
ReLu	Rectified linear unit	修正线性单元
Otsu		最大类间方差法算法
	Dilated Convolutions	膨胀卷积或叫空洞卷积
Input	Input Layer	输入层
Conv	Convolution Layer	卷积层
tanh		双曲正切函数
pool	Pooling Layer	池化层
	max pooling	最大池化
	average pooling	平均池化
FC	Fully Connected Layers	全连接层
Softmax	Softmax	归一化指数函数
SVM		支持向量机损失分类器
VGG	Visual Geometry Group	视觉几何组
ResNet	ResNet	残差网络

缩略语	英文全称	中文对照
	Transfer Learning	迁移学习
	fine – tuning	微调
PA	Pixel Accuracy	像素精度
MPA	Mean Pixel Accuracy	平均像素精度
MIoU	Mean Intersection over Union	平均交并比
FWIoU	Frequency Weighted Intersection over Union	频权交并比
IoU	Intersection over Union	交并比
HOG	Histogram of Oriented Gradient	方向梯度直方图
NMS	Non Maximum Suppression	非极大值抑制
RPN	Region Proposal Network	区域建议生成网络框架检测算法
Deconvolution	Deconvolution	反卷积(转置卷积)
GrabCut		一种图像分割算法
eCognition		面向对象的影像分析软件
DSM		数字表面模型
PGM	Probabilistic Graphical Model	概率图模型
	variational inference	变分推断
	Mean – field	平均场近似推理的方法

参考文献

[1] Hinton G E, Salakhutdinov R R. Reducing the dimensionality of data with neural networks[J]. science,2006,313(5786):504 –507.

[2] Deng L, Li J, Huang J T, et al. Recent advances in deep learning for speech research at Microsoft [C]// IEEE International Conference on Acoustics, Speech and Signal Processing. IEEE, 2013:8604 –8608.

[3] Krizhevsky A, Sutskever I, Hinton G E. ImageNet classification with deep convolutional neural networks[C]// International Conference on Neural Information Processing Systems. Curran Associates Inc. 2012:1097 –1105.

[4] Collobert R, Weston J. A unified architecture for natural language processing:deep neural networks with multitask learning[C]// International Conference on Machine Learning. ACM, 2008:160 –167.

[5] Cun Y L. Generalization and network design strategies[J]. Connectionism in Perspective, 1989.

[6] A. Krizhevsky, L. Sutskever, and G. E. Hinton. Imagenet classification with deep convolutional neural networks. In Proc. Neural Information Processing Systems,2012.

[7] Simonyan K, Zisserman A. Very Deep Convolutional Networks for Large – Scale Image Recognition[J]. Computer Science, 2014.

[8] C. Szegedy, W. Liu, Y. Jia, P. Sermanet, D. Anguelov, D. Erhan, V. Vanhoucke, and A. Rabinovich. Going deeper with convolutions. arXiv: 1409.4842, 2014.

[9] He K, Zhang X, Ren S, et al. Deep Residual Learning for Image Recognition[C]// IEEE Conference on Computer Vision and Pattern Recognition. IEEE Computer Society, 2016:770 –778.

[10] Girshick R , Donahue J , Darrell T ,et al. Rich Feature Hierarchies for Ac-

curate Object Detection and Semantic Segmentation[J]. IEEE Computer Society, 2014. DOI:10. 1109/CVPR. 2014. 81.

[11]Girshick R. Fast R – CNN[J]. Computer Science, 2015.

[12]Ren S, He K, Girshick R, et al. Faster R – CNN: towards real – time object detection with region proposal networks[C]// International Conference on Neural Information Processing Systems. MIT Press, 2015:91 – 99.

[13]Long,Jonathan,Shelhamer,et al. Fully Convolutional Networks for Semantic Segmentation[J]. IEEE Transactions on Pattern Analysis & Machine Intelligence, 2017. DOI:10. 1109/TPAMI. 2016. 2572683.

[14]Badrinarayanan V, Handa A, Cipolla R. SegNet: A Deep Convolutional Encoder – Decoder Architecture for Robust Semantic Pixel – Wise Labelling [J]. Computer Science, 2015.

[15]Ronneberger O, Fischer P, Brox T. U – Net: Convolutional Networks for Biomedical Image Segmentation[C]// International Conference on Medical Image Computing and Computer – Assisted Intervention. Springer, Cham, 2015:234 – 241.

[16]Lafferty J, McCallum A, Pereira F C N. Conditional random fields: Probabilistic models for segmenting and labeling sequence data[J]. 2001.

[17]Yu F, Koltun V. Multi – Scale Context Aggregation by Dilated Convolutions [J]. 2015.

[18]Mnih V. Machine learning for aerial image labeling[M]. University of Toronto (Canada), 2013.

[19]Saito S, Yamashita T, Aoki Y. Multiple object extraction from aerial imagery with convolutional neural networks[J]. Electronic Imaging,2016(10): 1 –9.

[20]Maggiori E , Tarabalka Y , Charpiat G ,et al. Fully Convolutional Neural Networks For Remote Sensing Image Classification[C]//Geoscience & Remote Sensing Symposium. IEEE, 2016. DOI: 10. 1109/IGARSS. 2016.

7730322.

[21] Pan X , Yang F , Gao L ,et al. Building Extraction from High – Resolution Aerial Imagery Using a Generative Adversarial Network with Spatial and Channel Attention Mechanisms[J]. Remote Sensing, 2019, 11(8):917. DOI:10.3390/rs11080917.

[22] Schuegraf P , Bittner K . Automatic Building Footprint Extraction from Multi – Resolution Remote Sensing Images Using a Hybrid FCN[J]. International Journal of Geo – Information, 2019, 8(4): 191. DOI: 10. 3390/ij-gi8040191.

[23] Chen G , Li C , Wei W ,et al. Fully Convolutional Neural Network with Augmented Atrous Spatial Pyramid Pool and Fully Connected Fusion Path for High Resolution Remote Sensing Image Segmentation[J]. Applied Sciences, 2019(9). DOI:10.3390/app9091816.

[24] Srivastava N, Hinton G, Krizhevsky A, et al. Dropout: a simple way to prevent neural networks from overfitting[J]. The Journal of Machine Learning Research, 2014, 15(1): 1929 – 1958.

[25] Sutskever I, Martens J, Dahl G, et al. On the importance of initialization and momentum in deep learning[C]// International Conference on International Conference on Machine Learning. JMLR. org, 2013: III – 1139.

[26] Zeiler M D , Fergus R . Visualizing and Understanding Convolutional Networks[J]. 2013.

[27] Yosinski J, Clune J, Bengio Y, et al. How transferable are features in deep neural networks? [C]//Advances in neural information processing systems. 2014: 3320 – 3328.

[28] Dumoulin V , Visin F . A guide to convolution arithmetic for deep learning [J]. 2016. DOI:10.48550/arXiv.1603.07285.

[29] Lafferty J, McCallum A, Pereira F C N. Conditional random fields: Probabilistic models for segmenting and labeling sequence data[J]. 2001.

[30] Wu, F. Y . The Potts model [J]. Reviews of Modern Physics, 1982, 54 (1):235 –268. DOI:10.1103/RevModPhys.54.235.

[31] 周志华. 机器学习[M]. 北京:清华大学出版社, 2016.

[32] Krähenbühl P, Koltun V. Efficient Inference in Fully ConnectedCRF with Gaussian Edge Potentials[J]. 2012:109 –117.

[33] Koller D, Friedman N. Probabilistic Graphical Models: Principles and Techniques – Adaptive Computation and Machine Learning [M]. MIT Press, 2009.

[34] Yu F , Koltun V . Multi –Scale Context Aggregation by Dilated Convolutions [C]//ICLR. 2016. DOI:10.48550/arXiv.1511.07122.